加德纳趣味数学

经典汇编

交际数、龙形曲线及棋盘上的马

马丁·加德纳 著　黄峻峰 译

上海科技教育出版社

图书在版编目(CIP)数据

交际数、龙形曲线及棋盘上的马/(美)马丁·加德纳著;黄峻峰译. —上海:上海科技教育出版社,2017.1 (2019.7重印)

(加德纳趣味数学经典汇编)

ISBN 978-7-5428-6505-2

Ⅰ.①交… Ⅱ.①马… ②黄… Ⅲ.①数学—普及读物 Ⅳ.①O1-49

中国版本图书馆CIP数据核字(2016)第255927号

许多读者可能不知道加德纳魔术的范围有多大。他是一个拥有高超技巧的艺术家和数以百计魔术游戏的发明者。他在高中时期最早发表的作品，都投给了美国的魔术期刊《斯芬克斯》(*The Sphinx*)。加德纳喜欢给那些有幸认识他的人表演近景魔术，他喜欢在地板上弹一个小圆面包(小圆面包会像一个橡皮球一样反弹回来)，吞下一把餐刀，或者把借来的戒指套在橡皮筋上。他特别喜欢看似违反拓扑定律的技巧。

另一种完全不同类型的魔术显示了加德纳向外行人解释重要数学思想的能力，他总是有办法让他们渴望知道更多。不像其他的数学科普作家，专业人士和业余爱好者同样喜欢加德纳的作品。当问到他如何驾驭这一点时，他总是坚持认为秘密恰恰是他缺乏高深的知识。在大学期间，他一门数学课程都没选，直到1989年，他才与他人合写了一篇有关新发现的正式论文。

虽然加德纳自学数学，但他影响了许多专业学者的生活，包括我们。例如，加德纳通过出版他的一些数学魔术思想，将一个失控的魔术少年转变成崭露头角的数学家，并且后来帮助这位青年找到了他的研究方向。另外，在加德纳为了创造新的谜题而努力理解某些特定谜题的过程中，萌生了许多富于想象力的研究问题。

加德纳的成功来之不易。1936年他从芝加哥大学毕业，获得哲学学士学位，之后成为塔尔萨市的一名新闻记者，开始了他的写作生涯，后来又在芝加

哥大学的媒体关系办公室当撰稿人。第二次世界大战期间在海军服役4年后，他搬到了曼哈顿，开始将小说卖给《时尚先生》(*Esquire*)，并成为《矮胖子杂志》(*Humpty Dumpty S Magazine*)的一名编辑。经过8年为5—8岁的小读者创作稀奇古怪的活动特辑，以及写故事和诗歌后，加德纳在《科学美国人》(*Scientific American*)上开始了他著名的专栏。在此之前，知情者告诉我们，多年来他住在狭小昏暗的房间里，穿着衣领磨损的上衣和有破洞的裤子，他的午餐经常被缩减为咖啡和一块丹麦面包。

加德纳为《科学美国人》专栏投入了大量的精力。他曾经告诉我们，每个月撰写专栏文章外剩下的时间只有短短几日。他离开《科学美国人》的主要原因是需要时间来撰写非数学主题的书和文章。他现在是四十多卷图书的作者，涉及的领域包括科学、哲学、文学以及数学。由他撰写的长期脱销的神学小说《彼得·弗罗姆的飞行》(*The Flight of Peter Fromm*)，1989年由法劳·斯特劳斯·吉鲁出版公司再版，他的许多书是文学随笔和书评集。

我们最近拜访了加德纳。我们中的一人给他表演了一个他以前没看到过的魔术——一个奇怪的假切牌技巧，他所表现出的热情和孩子似的惊奇深深打动了我们。年过七旬，他仍然像在中学读书时那样，急切地想要掌握被魔术师称为新"步骤"的技巧。

格雷厄姆(Ronald L. Graham)

AT&T贝尔实验室和罗格斯大学

迪亚科尼斯(Persi Diaconis)

哈佛大学

1989年秋

这是我的数学游戏专栏内容的第八本集子。自1956年12月以来，这些游戏每月出现在《科学美国人》上。和前几本一样，栏目内容经过了修改、更新，并增加了参考书目和忠实读者提供的有价值的新材料。

其中有一位读者，他不擅长数学但喜欢阅读栏目内容，经常问："你为什么不能关照一下像我这样的读者，给我们提供一些你经常使用但很少给出定义的术语表呢？"

好的，亲爱的读者，下面就是你们要的术语表。该术语表按英文字母顺序排列，即使最卑微的数学家也对它烂熟于心，大多数读者只要瞥一眼就行。但如果你拥有冒险的灵魂，看不懂大部分数学书，却出于某个奇怪的原因决定认真地研读本书，你会发现在阅读本书之前，值得先看一遍这个简洁、非正式的术语表。

算法（Algorithm）：解决一个问题的过程，通常是极为枯燥的重复步骤，除非你用电脑替你完成。当你将两个大数相乘，核对你的支票簿，洗盘子，修剪草坪时，你都在应用算法。

组合（Combination）：一个集合的子集，不考虑顺序，如果集合是字母表，子集CAT是与CTA，ACT，TAC等相同的三个对象的组合。

组合数学（Combinatorial mathematics）：研究组合排列的学问。尤其关于满

足特定条件的排列是否可能,若可能,那么有多少种可能的排列。

例如,幻方,数论中古代组合问题的解。能否将数字 1 到 9 放在一个方阵中,使得每行、每列、以及两条主对角线上的三个数之和都相等?可以。有多少种放法可以做到这一点?如果旋转和映射不计为不同的话,只有一种。能否将这九个数排列成任意两个和都不相同,而且所有的和是连续的数?不能。

合数(Composite number):具有两个或两个以上素因数的整数。换句话说,0,1,−1 以外不是素数的整数就是合数。最小的几个正合数为:4,6,8,9,10。1234567 是素数吗?不是,它有两个素因数,所以是合数。

计数数(或自然数)(Counting numbers):1,2,3,4,…。

数字(Digits):0,1,2,3,4,5,6,7,8,9 是十进制的 10 个数字。0,1 是二进制的两个数字;0,1,2 是三进制的数字;更高数系以此类推。一个以 12 为基的计数法有 12 个数字。

丢番图方程(Diophantine equation):字母(未知量)代表整数的方程。这类方程用"丢番图分析法"求解。

e:π 之后人人皆知的超越数。当 n 趋向无限大时是 $(1+1/n)^n$ 的极限。在十进制记数法中,其值为 2.718 281 828…,1828 四个数字的疯狂重复完全是巧合。

整数(Integers):包括自然数,负整数和零。

无理数(Irrational numbers):不是整数的实数,并且在十进制记数法中,它们是不循环的无限小数,π、e、$\sqrt{2}$ 都是无理数。

模(Module):当我们说一个数(模 k)等于 n,意思是这个数除以 k 时,余数是 n。例如,17=5(模 12),因为 17 除以 12 余数为 5。

n 维空间(N-space):一个 n 维欧几里得空间。一条线是一维空间,一个平面是二维空间,这个世界处于三维空间中,一个超正方体是一个四维空间超立方体。

非负整数(Nonnegative integers):0,1,2,3,4,5,…。

n阶(Order n):一种用非负整数标记数学对象将其分类的方法。若我们在一侧数国际象棋棋盘的方格,它是一个8阶的方阵,如果我们在一侧数国际象棋棋盘的线而不是格子,则它是一个9阶方阵。

排列(Permutation):一个集合的有序子集。如果集合是字母表,CAT,CTA,ACT等等则是三个字母的相同子集的不同排列。红色、蓝色、白色是红色、白色和蓝色的一个排列。

多面体(Polyhedron):一个由多边形边界围起来的立体图形。四面体是有4个面的多面体,立方体是有6个面的多面体。

素数(Prime):一个整数,不包括0,1,-1。除了其自身和1以外,不能被其他整数整除。最前面的几个正素数是2,3,5,7,11,13,17,19,…,有两个有趣的素数1 234 567 891和11 111 111 111 111 111 111。已知的最大素数是1985年找到的,它是$2^{216091}-1$,有65050位数。

有理数(Rational numbers):整数和分数线上、下都是整数的分数统称为有理数。在十进制记数法中,有理数或者没有小数部分,或者有有限的小数部分,或者有带循环节的小数。

实数(Real numbers):有理数和无理数。实数是相对于虚数而言的,如-1的平方根即是虚数,尽管虚数与实数一样真实。

倒数(Reciprocal):一个分数上下颠倒。$\frac{2}{3}$的倒数是$\frac{3}{2}$,3(或$\frac{3}{1}$)的倒数是$\frac{1}{3}$,1的倒数是1。

集合(Set):任何事物的集。如实数,自然数,奇数,素数,字母表,你头上的头发,这一页上的词,国会议员,等等。

奇点(Singularity):当一个或多个变量具有特定值时,使一个方程(或由一

个方程表示的物理过程)发生奇特状态的某个点位或时刻。如果你在空中向上抛一个球,球向上飞的轨迹在顶点时达到奇点,因为在那一刻球的速度降到零。根据相对论,宇宙飞船的速度无法超过光速,因为在光速时关于长度、时间和质量的方程到达奇点,长度变为零,时间停止,质量趋于无穷大。

这个前言就要到达突然停止的奇点。

马丁·加德纳

第 1 章

多联六边形与多联等腰直角三角形

普通的拼图游戏缺乏数学趣味性：通过试错法将拼板拼在一起，只要一个人有足够的决心与耐心，图集的拼构最终一定能完成。但是如果拼板是简单的多边形，将其拼成预定的形状，则此任务就成了一种组合几何问题，为相当的数学巧妙性提供了空间，有时也会引出重要的数学问题。如果一组多边形拼板是通过运用简单的组合规则得到的，它将呈现出优雅的品质，研究这类集合的组合特征尽管很耗费时间，却令人着迷。

对于消遣数学的狂热者来说，这种复杂的拼图中最受欢迎的就是多联骨牌。它们是由 n 个单元正方形以所有可能的方式拼接在一起的骨牌。有许多专门关于此类问题的文章，南加州大学工程学及数学教授格罗姆（Solomon W. Golomb）还写了一本专著《多联骨牌》（*Polyminoes*）。将等边三角形沿着边拼起来，会得到另一种已被深入研究的图形家族，名字叫"多形组"。在我的《数学游戏之六》（*Sixth Book of Mathematical Games from Scientific American*）中讨论过了六形组（由六个等边三角形组成的多形组）。

许多喜欢多联骨牌以及多形组的读者来信，提出了用其他方法可以获得一组基础的多边形，用来作为类似的消遣。在本章中，我将讨论两组引起最多来信的图形，这两种图形都有出版商提及它们。

由于仅有三种正多边形可以拼成平面：正方形、等边三角形以及正六边形,人们立刻会想到利用全等六边形来拼构图形。将两个正六边形拼在一起只有一种方法,三个正六边形拼在一起有三种方法,四个有七种。由于这些图形很像"苯环"化合物的结构图,有两位读者施瓦兹(Eleanor Schwartz)和克劳特(Gerald J. Cloutier)建议称其"苯环"。也有读者提出其他名字,但我认为最好的名字是"多联六边形"。戴维·克拉纳(David Klarner)采用了该名字,他是最早研究多联六边形的学者。图1.1中列出了从众多读者来信中精选出来的七种四联六边形(包括名字)。其次最多的一组是五联六边形,有22种不同的形状,作为消遣有点过于困难。有82种六联六边形,333种七联六边形以及1448种八联六边形。(经过旋转和镜像得到的图形仍视为相同)。如同多联骨牌以及多形组,还没有公式来确定给定的多联六边形的个数。

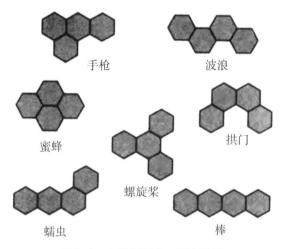

手枪　　波浪　　蜜蜂　　拱门　　螺旋桨　　蠕虫　　棒

图1.1　七种不同的四联六边形

请读者从一张纸板上剪下一组四联六边形。(如果你的地板是由六边形瓷砖拼成,你可以让骨牌的大小与瓷砖的尺寸一致,这样,地板就可以作为解决四联六边形问题的基础了。)图1.2的八种对称的图形中,所有的图形(除了一种)都可以由七个四联六边形拼成。许多读者给出了"平行四边形"、"三角形"

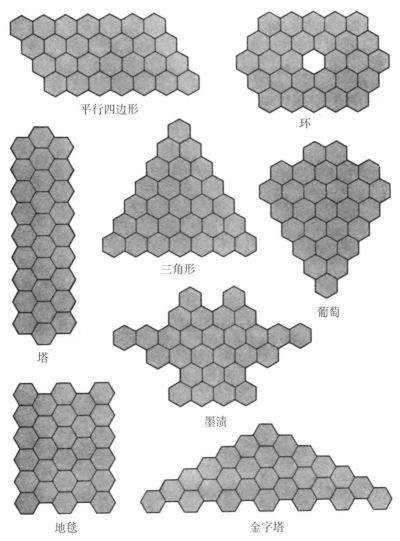

图1.2 由四联六边形骨牌拼成的图形,但是其中一个不可能实现的

以及"塔"。霍维茨(Richard A. Horvitz)给出了"墨渍"与"葡萄",克劳特给出了"环",克拉纳给出了"金字塔",马洛(T. Marlow)和克拉纳给出了"地毯"。你能确定出哪个图形是不可能的吗?关于它的不可能性还没有简单的证明方法。(答案不可能是"塔",尽管它很难,但有唯一解,不包含简单地翻转两个骨牌组

成的镜像对称图形。)所有的七块骨牌都必须使用,通过将整个图形轴映射得到的结果不算作另一种答案。

22种五联六边形可以拼成许多令人惊奇的对称图形(参见图1.3)。罗伯特·克拉纳(Robert G. Klarner)(戴维·克拉纳之父)发现了"地毯"(可以将其分成两块,将两个末端相连,形成一块更加狭长的地毯)。德国汉堡的霍夫曼

图1.3　由五联六边形骨牌拼成的图形

(Christoph M.Hoffman)发现了另一种图形。注意两个平行四边形可以连在一起拼成5×22的菱形。(将菱形平分成两块或将菱形切成两个三角形是马洛用另一种方法解决的。)四联六边形或五联六边形都没有构成一个六边形的所需面积，但是马洛和施瓦兹女士都发现将七个四联六边形与三个三联六边形组合在一起可以构成一个边长为4个单位的六边形。

至于不规则的单位多边形，我们发现最简单的是等腰直角三角形。可以将它们的腰或斜边拼在一起。我们称腰为s边，斜边为h边。奥贝恩(Thomas H. O'Beirne)于1961年12月21日在《新科学家》(*New Scientist*)"消遣数学"专栏(从那以后，他定期向该杂志供稿)中最先讨论了这类骨牌。这类骨牌是由英国布里斯托尔的柯林斯(S. J. Collins)推荐给他的，并且他给四阶组合命名"四联空竹"，原因是二联空竹(一种杂技用具)的横截面有两个等腰直角三角形，这就暗喻了一般性的名称"多联空竹"。有3种二联空竹，4种三联空竹，14种四联空竹，30种五联空竹以及107种六联空竹。

图1.4中14种四联空竹的总面积为28s平方单位或14h平方单位。由于14

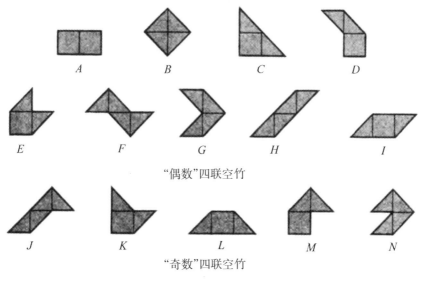

图1.4 14种不同的四联空竹骨牌

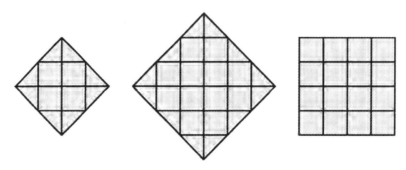

图1.5　用四联空竹骨牌拼成正方形的方法

或28都不是平方数,所以不可能用这个全集拼成一个正方形。一个2s×2s的正方形,其面积恰好是两个四联空竹,但已证实不可能拼出来。有三个正方形可以由全集的子集拼成(参见图1.5)。如果读者可以做出一组四联空竹的硬纸板,就会觉得找出这三个正方形的拼接模式是个很有趣的工作。最小的正方形仅有两种拼法,两个较大正方形尚不知道有几种拼法。

图1.6表明了所有有s边的矩形,其面积都恰好可以由14块四联空竹骨牌全集或子集拼成;图1.7展示了所有有h边的矩形。注意不存在由所有14块四联空竹骨牌拼成的最大矩形。我将给出奥贝恩发现的一种神奇的证明方法,他在1962年1月18日的专栏中作出了解释。

大多数多联骨牌的不可能性证明都依靠在棋盘上给图形上色,但是在这里上色不起作用,奥贝恩的证明把焦点聚集在全集拥有的h边的条数。如果每块骨牌都摆放成其单位三角形的腰水平或垂直,如图1.4所示,它的h边要么向左要么向右倾斜。骨牌A没有h边,A以及其他八块(B、C、D、E、F、G、H、I)被称为"偶数"骨牌,因为其中每块骨牌都有偶数条h边向左或右一个方向倾斜。(0被视为偶数。)最后五块(J、K、L、M、N)是"奇数"骨牌,因为有奇数条h边向左或右一个方向倾斜,因为总是有奇数块奇数骨牌,无论所有的骨牌以s边正交的模式如何摆放,总是有奇数条h边向一个方向倾斜,奇数条h边向另一个

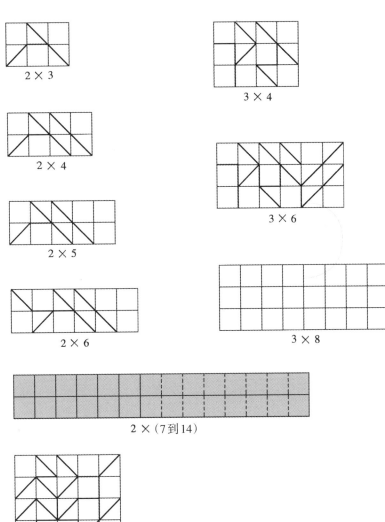

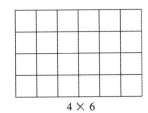

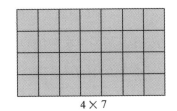

图1.6 以 *s* 边作为边界的四联空竹骨牌拼成的矩形,灰色矩形已被证明无解

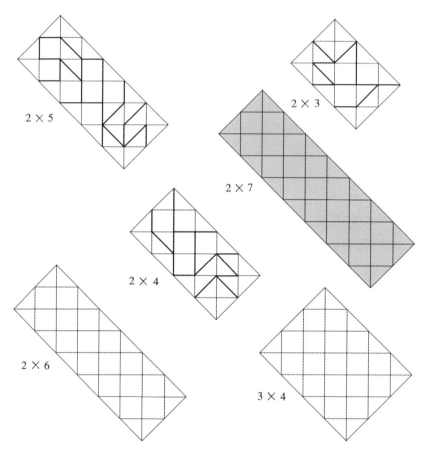

图1.7 以 h 边作为边界的矩形,灰色矩形是不可能拼出来的

方向倾斜。

现在假设有两个矩形,需要全部14种四联空竹骨牌来拼。很明显,每个矩形必须有偶数条 h 边向每个方向倾斜。每个矩形内向一个方向倾斜的一条 h 边与另一条向同一个方向倾斜的 h 边成对出现,因此内部无论何种 h 边的总数一定是偶数。在其周长由 h 边组成的矩形上,沿着周长数出的每种 h 边为偶数,因此,没有一种矩形可以由14种骨牌拼出。此证明方法不适用于所有两边对称的图形,读者可以通过做14块这样的四联空竹骨牌来证明。

图1.6中的灰色矩形宽为2个s单位，长等于或大于7，通过观察6块骨牌（B、D、E、G、M、N）发现，不把它们分割成$2s$一平方单位的倍数的面积，不可能拼出矩形。因此它们不可能在图形中出现，剩余的8块骨牌可以拼出周长最大值为$17s$的矩形。但是2×7的矩形周长为$18s$，比剩余的8块骨牌还大1个s。

所有以s边为界的矩形和所有以h边为界的矩形的简单拼法已知，答案如图所示。剩下的四个空白矩形可以被拼出来吗？每个矩形需要12块骨牌，也就意味着必须忽略一个偶数块和一个奇数块。3×8的矩形也许不可能，因为它的周长太长严重制约了骨牌可以拼接的方式个数，但是这四个空白矩形的不可能性证明都是未知，也都未找到答案。

更多雄心勃勃的读者也许想要解决由奥贝恩提出的一个较难的正方形图形。不考虑翻转时不会改变的6个对称图形，仅考虑8个不对称图形：D，F，H，I，J，K，M和N，因为其合并的面积为$16s$平方单位，它们可能形成一个四阶正方形，但是此正方形的周长是$16s$单位，而八块骨牌的周长不超过$12s$单位。假设我们将每块骨牌的镜像考虑在内，一共组成16块骨牌。在这种情况下，骨牌也许不能翻转，即每对"左右相对"骨牌将被看做一组两个镜像。16块骨牌的总面积为$16h$平方单位，它们能否构成边长为$4h$单位的正方形？奥贝恩发现答案是肯定的，但是拼出此种图形十分困难，目前尚未被发表过。

四联空竹骨牌也给出了一个答案——也许是最简单的——回答了由苏格兰艾尔郡的朗弗德（C. Dudley Langford）提出的不同寻常的问题，这个问题由英国数学家坎迪（H. Martyn Cundy）转告给我。朗弗德想知道是否有四个面积相等的图形，形状都不同（镜像不看做不同），以四种不同的方式拼接得到四块比每个骨牌大一些的复制品。每个复制品必须使用所有四块骨牌。我用一组四个四联空竹骨牌找到了一个简单的解决办法。读者们能挑出四块骨牌并且表明如何将其拼接而复制自身吗？

补　遗

　　四联六边形骨牌组合在欧洲的市场上有售,但是据我所知,在美国尚无此种骨牌组合。1971年,科芬(Stewart T. Coff)发表了一本习题小册子,配有一组10个多联六边形(3个三联六边形和7个四联六边形)塑料骨牌,以雪花为商标名出售。

　　许多读者来信提供了四联六边形塔的解的唯一性证明(在它的两种变形中)。在所有证明方法中,关键是螺旋桨的摆放。

　　英国柴郡的克拉克(Andrew C.Clarke)报告称,每个四联及五联六边形可以摆满所有的平面,除了4个六联六边形。他还指出每个四联空竹可以铺满几乎所有平面,除了4个五联空竹以及9个六联空竹。这些结果都尚未得到证实。

　　英国奇尔顿的阿特拉斯计算机实验室的伦农(W. F. Lunnon)在其论文《计算六角及三角的多联骨牌》中计数了一直到12阶的多联六边形,发表于里德(R. C. Read)编辑的《图形理论与计算》(*Graph Theory and Computing*,1972年)。9到12阶的多联六边形的个数分别为6572,30 490,143 552以及683 101。

　　枚举多联空竹的研究极少。几名读者同意七阶空竹有318种,特里格(Charles W. Trigg)计算出8阶有1106种,奥利弗(Robert Oliver)计算出9阶有3671种。

答　案

图1.2所示的图形中,不可能由四联六边形骨牌拼成的图形是三角形。克拉纳从观察螺旋桨有限的可被放置位置个数开始,成功证明了不可能性。

克拉纳对于较难的塔形图(参见图1.8)的答案中,注意到阴影部分呈轴对称,使其映射,因此提供了第二种答案。

1962年,两个英国人汤顿的塞德林顿(R. A. Setterington)以及莱奇沃思的斯平克斯(A. F. Spinks)独立发现了用8个不对称四联空竹骨牌及其镜像(不允许翻转)拼成一个正方形(参见图1.9)。G、H与M形成了一个可以翻转和映射的图形。JKN与FJK可以旋转,CE可以与

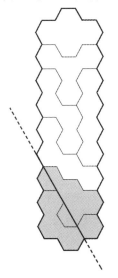

图1.8　四联六边形
骨牌拼成的塔形

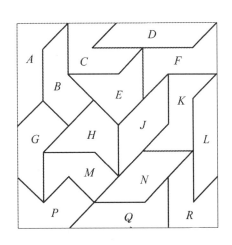

图1.9　较难四联空竹
骨牌问题的答案

MP 互换,提供许多不同的答案。最近,格拉斯哥的奥贝恩找出了一种 A,B,C,D,E,F,G 和 H 的不同拼接方式,形成的图形旋转和交换其中的骨牌还可以产生不同的答案。不同答案的数量尚无人知晓。

四个四联空竹骨牌可以拼在一起组成每块骨牌的一个更大的复制品(参见图1.10),仅需移动三角形。注意三角形的其他位置还会再产生四个四联空竹骨牌复制品,形成总共8个,也就是说超过全集的一半。菲尔波特(Wade E. Philpott)以及其他学者发现四联空竹骨牌 C,I,K,L 也能解决此问题。

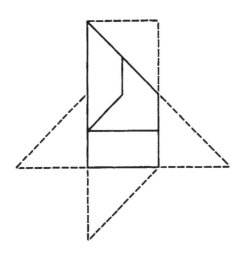

图1.10 复制四联空竹骨牌问题的答案

是否存在其他由四个不同形状的骨牌组成的集合具有相同性质?英国布莱克本的波瓦(Maurice J. Povah)已经证明集合数是无限的。他的证明来自答案,如图1.11左所示,四个八联骨牌拼成了它们自身的复制品。一个仿射变换(右),改变了角度,提供了无限种解法。波瓦也发现了四个六联骨牌的解法(参见图1.12)。这些骨牌将会复

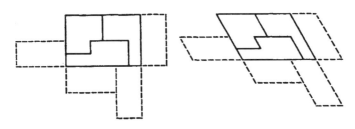

图1.11　有无限种变形的八联骨牌解法

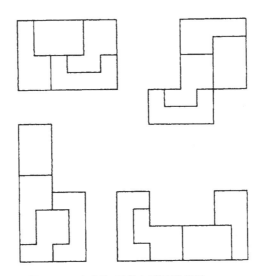

图1.12　复制问题的六联骨牌解法

制15种不同的六联骨牌，包括其本身。波瓦认为这是六联骨牌的最大值。用五联骨牌最多可以复制四块其自身以外的五联骨牌。

哈里斯(John Harris)通过巧妙地证明在所有带s边的矩形中3×8和4×6的矩形拼不出来，并且提供了带有两个h边的矩形，2×6以及3×4矩形的解法，解决了四个未解答的四联空竹矩形问题。

完满数、亲和数、交际数

我们再难找到一列整数比完满数以及它的近亲亲和数(或友好数),拥有更迷人的历史和更优雅的性质,充满了神秘色彩——也更没用。

若一个自然数,它所有的真因子(即除了自身以外的所有因数)的和恰好等于它本身,这个数就叫做完满数。最小的完满数是6,等于它的三个因数1,2,3之和。第二个完满数是28,是因数1+2+4+7+14之和。无论是犹太教还是基督教,《圣经·旧约》的早期注释都深受这两个数字完美性的震动。上帝不就是花了6天创造了世界吗?月亮绕地球一周的天数不就是28天吗?圣·奥古斯丁(St. Augustine)在其著作《上帝之城》(*The City of God*)第11卷第30章中辩称道,尽管上帝可以轻易地在一瞬间创造出世界,但他还是选择用6天来完成,因为6的完美性象征着宇宙的完美。(早在公元7世纪,犹太思想家斐洛(Philo Judaeus)在他的《创世记》(*Creation of the World*)一书的第三章中也提出了相似的观点)"因此",圣·奥古斯丁总结说,"我们绝不能轻视数字的学问,在《圣经》的许多段落中,为仔细的注释提供了杰出的服务"。

完满数论的第一个伟大成就是古希腊数学家欧几里得的天才证明:公式$2^{n-1}(2^n-1)$,如果括号中的表达式是一个素数(除非指数n是个素数,否则这个表达式绝不会是素数,即使如n为素数,2^n-1也不一定是,事实上不太可能会是一个素数),那么这个公式总可以得到一个偶完满数。直到两千年以后,瑞士数

学家欧拉(Leonhard Euler)证明了这个公式可以获得所有的偶完满数。在以后提到"完满数"时指的就是"偶完满数",因为至今还没有发现奇完满数,可能它们根本就不存在。

为了更直观地理解欧几里得的伟大公式,也为了发现它是如何将完满数和类似的双倍数列1,2,4,8,16,…紧密地联系起来的,让我们来读读波斯国王[①]的传奇故事。这位国王非常喜欢下国际象棋,以至于他答应给这个游戏的发明者任何他想要的东西作为奖赏。结果发明者提出了一个看似不过分的要求:他要求在棋盘上放一些谷粒,第一个格子1粒,第二个格子2粒,第三个格子4粒,以此类推,直到2的63次方。结果最后一个格子要放9 223 372 036 854 775 808粒谷粒。谷粒的总数量是最后一个数字的2倍减一,这相当于全世界小麦年产量的几千倍。

图2.1棋盘的每个方格上标出了谷粒的数量。如果从每个格子中取走一粒

2^0	2^1	2^2	2^3	2^4	2^5	2^6	2^7
2^8	2^9	2^{10}	2^{11}	2^{12}	2^{13}	2^{14}	2^{15}
2^{16}	2^{17}	2^{18}	2^{19}	2^{20}	2^{21}	2^{22}	2^{23}
2^{24}	2^{25}	2^{26}	2^{27}	2^{28}	2^{29}	2^{30}	2^{31}
2^{32}	2^{33}	2^{34}	2^{35}	2^{36}	2^{37}	2^{38}	2^{39}
2^{40}	2^{41}	2^{42}	2^{43}	2^{44}	2^{45}	2^{46}	2^{47}
2^{48}	2^{49}	2^{50}	2^{51}	2^{52}	2^{53}	2^{54}	2^{55}
2^{56}	2^{57}	2^{58}	2^{59}	2^{60}	2^{61}	2^{62}	2^{63}

图2.1 棋盘上的2的n次幂,有阴影的方格可以得出梅森素数

① 应该是古印度国王。——译者注

谷粒，格子里就剩 2^n-1 粒谷粒，也就是欧几里得公式里括号中的表达式。如果这个数字是素数，用它乘前一格中谷粒数，即公式中的 2^{n-1}，那样我们就可以得到一个完满数了。从17世纪法国数学家梅森研究后，形如 2^n-1 的素数就被称为"梅森素数"。图中阴影方格中的数字减去1就是梅森素数，这样我们就得到了9个完满数。

利用欧几里得公式，我们不难证明出完满数所有的有趣又优美的性质。例如，所有的完满数都是三角形数。这就是说一个完满数的谷粒总能被摆放成一个等边三角形，就好像保龄球的10根球柱或美式台球的15个开球。换句话说，每一个完满数都是 $1+2+3+4+\cdots$ 序列的部分和。也不难证明，除了数字6，每个完满数都是连续奇数3次方的部分和：$1^3+3^3+5^3+\cdots$。

除了数字6，每个完满数的数字根都是1。（想要获得数字根就把数的每位数字相加，如果结果大于10就继续把结果的每位数字相加，直到只剩一位数字，这和舍九法是一样的。因此说一个数有一个数字根为1就等价于说这个数被9除余1。）这个证明表明，当 n 为奇数时，欧几里得的公式就会得到一个数字根为1的数，因为除了2以外的所有素数均为奇数，所以完满数就属于这一类数字根为1的数。唯一的偶素数2产生了唯一一个数字根不是1的完满数6。除了6以外的所有完满数可以被4整除，而且等于4(模12)。

由于完满数和数字2的幂有如此密切的关系，就有人认为，如果用二进制来表达，可能结果更令人震惊，这个想法被证明是对的。如果用欧几里得公式得出一个完满数，我们立刻就可以写出它的二进制表达式。那就请读者先尝试一下用何种规则可以写出这样的表达式，然后证明一下这个规则是否永远有效。

令人惊讶的发现是，一个完满数的所有除数(因数)的倒数之和(包括其本身)都是2。以完满数28为例：

$$\frac{1}{1}+\frac{1}{2}+\frac{1}{4}+\frac{1}{7}+\frac{1}{14}+\frac{1}{28}=2.$$

这个定理就来自于完满数的定义,n是一个完满数的真因数之和。那么其所有因数的和显然为$2n$,假设$a,b,c,\cdots$是所有的因数,我们可以得到以下等式:

$$\frac{n}{a}+\frac{n}{b}+\frac{n}{c}+\cdots=2n.$$

等式两边同时除以n,得到以下等式:

$$\frac{1}{a}+\frac{1}{b}+\frac{1}{c}+\cdots=2.$$

反过来也成立。如果n的所有因数的倒数之和等于2,n就是完满数。

关于完满数还有两个重大问题没有解决:有没有奇完满数?偶完满数是不是有无限多个?目前为止还没有发现奇完满数,但也没人证明这样的数是不存在的。[塔克曼(Bryant Tuckerman)在1967年指出,如果存在奇完满数,那它一定大于10^{36}。]当然,第二个问题取决于梅森素数是否有无穷多个,因为每一个这样的素数都可以得出一个完满数。当前4个梅森素数(3,7,31和127)取代公式2^n-1中的n,公式就会给出一个更大的梅森素数。70多年来,数学家们一直希望这个过程可以定义一个梅森素数无限序列,但是下一个可能$n=2^{13}-1=8191$,让他们失望了。在1953年,计算机发现,$2^{8191}-1$不是一个素数。没有人知道梅森素数的序列会无限进行下去,还是有一个最大值。

奥尔(Øystein Ore)在他的《数论及其历史》(*Number Theory and Its History*)一书中引用了巴罗(Peter Barlow)在1811年出版的《数论》(*Theory of Numbers*)一书中一个看似合理的预言。在找到第9个完满数以后,巴罗说:"这是人们会找到的最大的完满数了,因为人们只是出于好奇,而它并没有什么用,不可能有人会尝试去寻找比它大的完满数了"。但是,在1876年,法国数学家卢卡斯(Edouard Lucas)撰写了一部经典的四卷集《关于消遣数学》,宣称发现了下一个完满数,$2^{126}(2^{127}-1)$。作为它的基数的第12个梅森素数,是第二张棋盘上最

后一格上的谷粒数减一,如果将谷粒翻倍延续到第二张棋盘的话。几年后,卢卡斯也曾怀疑过这个数,但最终这个数的素数性被证实是正确的,这是在没有现代计算机帮助下发现的最大梅森素数。

表2.1列出了已知的24个完满数的公式、每个数字的位数以及这些数字本身,有的数字太长就没有全部写出。第23个完满数是伊利诺伊大学的一台计算机在1963年发现第23个梅森素数之后被找到的,该大学的数学系深以为豪,在那之后的好多年里,学校都把这个素数印在了他们的信封上(见图2.2上方)。1971年,在美国纽约约克敦海茨的IBM研究中心,塔克曼发现了第24个梅森素数(表2.1最后一行),这个数有12 003位数字,也是迄今为止已知的最大素数。当然,它的发现也让人们得到了第24个完满数。

完满数的最后一位数字也有一个动人的秘密。从欧几里得的公式不难发现,一个偶完满数一定是以6或8结尾的(如果以8结尾,前一位数就是2,以6结尾的,前一位数一定是1,3,5或7,除了496例外)。古人发现了前四个完满数——6,28,496,8128——就草率地认为以后的完满数的末位就是6和8交替出现的序列。从远古时代直到文艺复兴时期,没有经过证明,许多数学家武断地认同这一看法。尤其是第五个完满数(出现在15世纪一份匿名的手稿中)是以6结尾。呜呼,第六个完满数也是以6结尾。这24个完满数的末位数列为:

$$6,8,6,8,6,6,8,8,6,6,8,8,$$
$$6,8,8,8,6,6,6,8,6,6,6,6。$$

这个序列很气人,因为前四个是6和8交替出现,然后6,6和8,8交替出现了四次。然后一个6跟着三个8出现,再三个6跟着一个8,最后出现了连续的四个6。

难道这些数字要告诉我们什么?也可能是我们想多了。尽管目前还没有人发现预测下一个数末位数字的公式,但是如果你知道这个数字的欧几里得公

表2.1 前24个完满数

	公式	数	数字位数
1	$2^1(2^2-1)$	6	1
2	$2^2(2^3-1)$	28	2
3	$2^4(2^5-1)$	496	3
4	$2^6(2^7-1)$	8128	4
5	$2^{12}(2^{13}-1)$	33 550 336	8
6	$2^{16}(2^{17}-1)$	8 589 869 056	10
7	$2^{18}(2^{19}-1)$	137 438 691 328	12
8	$2^{30}(2^{31}-1)$	2 305 843 008 139 952 128	19
9	$2^{60}(2^{61}-1)$		37
10	$2^{88}(2^{89}-1)$		54
11	$2^{106}(2^{107}-1)$		65
12	$2^{126}(2^{127}-1)$		77
13	$2^{520}(2^{521}-1)$		314
14	$2^{606}(2^{607}-1)$		366
15	$2^{1278}(2^{1279}-1)$		770
16	$2^{2202}(2^{2203}-1)$		1327
17	$2^{2280}(2^{2281}-1)$		1373
18	$2^{3216}(2^{3217}-1)$		1937
19	$2^{4252}(2^{4253}-1)$		2561
20	$2^{4422}(2^{4423}-1)$		2663
21	$2^{9688}(2^{9689}-1)$		5834
22	$2^{9940}(2^{9941}-1)$		5985
23	$2^{11\,212}(2^{11\,213}-1)$		6751
24	$2^{19\,936}(2^{19\,937}-1)$		12 003

图2.2　印着2个已知最大素数的邮戳和信头

式就很容易确定数字的位数。请读者来试试看能不能找到简单的规则吧！

一个数比它的真因数之和大1或小1被称为"殆完满数"。所有2的幂都属于+1类型的殆完满数，目前还没有发现其他+1类型的殆完满数，也没有证据表明这种数字不存在。−1类型的殆完满数也没有被发现，但同样没有证据证明它们是不存在的。

亲和数源于广义完满数。假设我们从任何一个数开始，将它的全部因数相加得到第二个数；再将那个数的全部因数相加，一直重复这个过程链，期望最终回到最开始的那个数。如果第一步就立即回到了最开始的数，这个链环就只有一个链接，这个数就是一个完满数。如果有两条链接，这两个数被称为亲和数，每一个数等于另一个数的因数之和。毕达哥拉斯学派最早发现了最小的一对亲和数，220和284，220的真因数是1，2，4，5，10，11，20，22，44，55和110，相加得284；284的真因数是1，2，4，71和142，相加得220。

毕达哥拉斯学派兄弟会认为220和284这两个数字是友谊的象征。《圣经》注释者指出，在《圣经·创世记》32：14中，雅各布送给伊索[①]的山羊数量就是

---

① 圣经故事中，雅各布和伊索是双胞胎兄弟。——译者注

220。注释者认为这是一个明智的选择，因为220作为"亲和数对"中的一个，表达了雅各布对伊索深厚的兄弟情谊。这对数字在中世纪的占星术中起到了重要的作用，人们认为护身符上刻有220和284有升华爱情的效果。有记录称，11世纪一个穷苦的阿拉伯人想验证这种效果是否存在，他吃了一个标有数字284的什么东西，让另外一个人吃的是标有数字220的东西，遗憾的是这个人没有说这个实验的结果如何。

直到1636年，第二对亲和数17 296和18 416才被伟大的费马（Pierre de Fermat）发现。他和笛卡儿（René Descartes）各自独立地再发现了找到构建特定类型的亲和数的方法——他们不知道这个方法早在9世纪已经被一位阿拉伯天文学家找到。通过这种方法，笛卡儿找到了第三对亲和数：9 363 584和9 437 056。18世纪，瑞士数学家欧拉列出了64对亲和数（其中两个后来被证明不是亲和的）。1830年，法国数学家勒让德（Adrien Marie Legendre）发现了另外一对亲和数。在1867年，16岁的意大利人帕格尼尼（B. Nicolò I. Paganini）发现1184和1210是亲和的，震惊了整个数学界，这对第二小的亲和数竟然时隔那么久才被发现。尽管这个男孩可能经历无数次的努力才找到这对数字，但这一发现让他的名字永远留在了数论历史中。

现已发现的亲和数超过1000对（表2.2列出了小于100 000的所有亲和数对）。最完整列表是在由李（Elvin J. Lee）和马德奇（Joseph Madachy）撰写的三卷本专著《亲和数的历史与发现》（*The History and Discovery of Amicable Numbers*）中给出的（1972年，《休闲数学杂志》，第5卷2，3，4）。在列出的1107对亲和数中，最大的一对有25位数。由于发现的时间比较晚，荷兰阿姆斯特丹人列勒（H. J. J. te Riele）于1972年发现的几对没有收录，这其中最大的一对各有152位数，据我所知，这应该是目前已知的最大一对亲和数了。

所有已知的亲和数对都具有相同的奇偶性：两个偶数，或者（其实很少）两

表2.2　5位数以下的亲和数

1	220	284
2	1184	1210
3	2620	2924
4	5020	5564
5	6232	6368
6	10 744	10 856
7	12 285	14 595
8	17 296	18 416
9	63 020	76 084
10	66 928	66 992
11	67 095	71 145
12	69 615	87 633
13	79 750	88 730

个奇数。目前还没有人证明一奇一偶的亲和数是不可能的。目前发现的奇亲和数对都是3的倍数。还没有已知的公式来生成所有的亲和数,也没有人知道亲和数的数量是有限的还是无限的。

1968年,我发现所有的偶亲和数对的和都是9的倍数,由此猜想,所有偶亲和数对都符合这一点。但是后来李在已知的亲和数中找到了三个反例,推翻了我的猜测,他后来又在他自己发现的新亲和数对中找到了8对这样的反例(见1969年7月,《计算数学》,22卷,545—548页,李《论偶亲和数对的和除以9》)。因为所有这些反例中数的数字根都是7,我修改了我的猜想:除了等于7(模9)的偶亲和数对,所有偶亲和数对之和等于0(模9)。

如果回到最初数字的链环有超过两个链,这样的数称为"交际数"。到1969年为止,这样的数链只找到2组,是法国数学家波利特(P. Poulet)在1918年发现的。一个链有5个环:12 496,14 288,15 472,14 536,14 264;另一个是有28个环的惊人链接,从数字14 316开始。这也是已知最长的链环。(注意28是完满数,如果把3移动到最前面,你就得到了π的前四位小数)。

突然,1969年法国巴黎的科恩(Henri Cohen)发现了4环的8个交际数(见《计算数学》,1970年,24卷,423—429页,他发表的论文《论亲和数和交际数》)。后来更多的4环交际数被他人发现了,共14组,每组最小的数字分别为:

1 264 460

2 115 324

2 784 580

4 938 136

7 169 104

18 048 976

18 656 380

28 158 165

46 722 700

81 128 632

174 277 820

209 524 210

330 003 580

498 215 416

除了1918年发现的5环和28环交际数,目前还没有发现其他大于4链环的交际数。至今仍未解决的一大难题是,是否存在3环的交际数。现在还没人想出其不可能存在的理由,也没人找到一个例子,证明其存在。计算机至少搜索到了60亿的自然数都没有找到答案。尽管3环的交际数也许没什么用,但对

于它的寻找还会继续，直到找到一个3环交际数，或者聪明的数论学家证明它真的不存在。

给出一个完满数的欧几里得公式，用二进制来表示这个完满数的规则是什么？公式：$2^{n-1}(2^n-1)$。

规则：写 n 个1，后面跟 $n-1$ 个0。例如：$2^{5-1}(2^5-1)=496$ 的二进制形式为111110000。

这个规则很容易理解。在二进制中，2^n 总是1跟着 n 个0。因此欧几里得公式左边的表达式 2^{n-1}，二进制形式为1后面 $n-1$ 个0，括号里的表达式 (2^n-1)，或者说是2的 n 次幂减一的二进制形式为 n 个1。这两者的乘积显然会是 n 个1后跟着 $n-1$ 个0。

任一完满数的因数（包括这个因数本身）的倒数相加之和等于2，读者通过把这些倒数写成二进制形式来验证这个定理，能体会到乐趣所在。

通过检验一个完满数的欧几里得公式，我们发现有好多种确定完满数最后一位的规则，但下面的这个似乎是最简单的。它适用于除了6以外的所有完满数。如果第一个指数（$n-1$）是4的倍数，这个完满数就是以6结尾的，否则就以28结尾。

第 3 章

多联骨牌及修正

格罗姆的著作《多联骨牌》在全世界范围内激发了人们对于这些图形的兴趣:将正方形沿着其边拼接形成多边形。这种兴趣引领格罗姆,南加州大学电气工程及数学教师,将其大多数的业余时间都奉献给研究该领域的不受重视的角落。他来信论述了一系列令人着迷的问题,仅有一部分被解决了,与多年前他发明的五格拼板游戏相关。

图3.1显示了12种可能的五格拼板(五个正方形组成的五联骨牌),格罗姆为它们起了好记的名字。想玩标准的五格拼板,你需要从一张硬纸板上剪下这12块拼板以及一块标准的8×8棋盘,棋盘上的正方形大小与五格拼板中的正方形大小相同。如果读者从未玩过此游戏,他一定会迫不及待去准备一套五

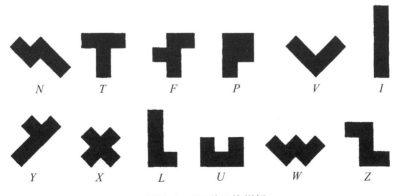

图3.1 12种五格拼板

格拼板试一下,这是最近几年最不寻常的数学棋盘游戏之一。

两个玩家在空棋盘前相对而坐,12块五格拼板散放在桌上的棋盘边。第一个玩家拿一块拼板置于棋盘上覆盖任意五个正方形,同样,第二个玩家将剩余的11块拼板中的一块放到棋盘上覆盖剩下的空白正方形,双方轮流摆,直到一方没办法走下一步,要么是因为棋盘剩余的正方形已经放不下拼板了,要么因为拼板已经用完了。不能再继续摆的一方为输家。游戏很短暂,而且不可能出现平局。然而,好的玩家却需要有精湛的技术以及洞察力。如果两个玩家都没有出错,数学家们也不知道到底第一个玩家还是第二个玩家总能获胜。"这个游戏我的完整分析是",格罗姆写道,"用最高速的电子计算机,提供充裕的工作时间以及采用最复杂的程序,运行达到的极限,可得出玩家下法的所有情况。"格罗姆解释的最有效策略,是将棋盘分成两个相等的区域,这样就有可能对手在一个区域走一步后,你可以在另一个区域的相对位置放拼板,如果这种情况继续下去,你肯定能走最后一步。

格罗姆已经设计出双方都在脑海中遵循此策略时出现的典型走法,如图3.2所示。玩家A将X置于中心附近,避免对手平分棋盘。玩家B将U置于X对面(第2步)进行反击——格罗姆评价这是个妙招,因为它"不仅使对手局面更加复杂,也使对手不能平分棋盘"。现在玩家A的下法同样精明,他将继续出L(第3步)避免均分棋盘。玩家B的第四步下的却很糟,因为会使玩家A可以出W(第5步),将棋盘平分为面积相等的两个区域,每个区域16个正方形,在这个局面下,两个区域的形状也相同。

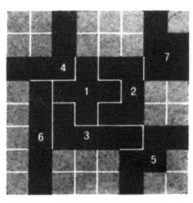

图3.2 典型的标准五格拼板游戏

现在玩家B出I(第6步),希望对手A找

不到适合另一区域的一块拼板,但是玩家A能放下P(第7步),他赢了。尽管剩下的三个区域都足够容纳一块拼板,但适合这些区域的仅有的三块骨牌I、P、U已经被用完了。

格罗姆继续说,这个标准游戏最有趣的变形是"选定了的五格拼板"。玩家在游戏开始前轮流选择拼板,每人选择6块,而不是每一步选择一块拼板。最后选择拼板的玩家先下,然后比赛按照像前面介绍的玩法继续,除了每个玩家只能下自己选定的拼板。此游戏的策略与之前完全不同,不是用平分棋盘来创造剩余偶数步法的局面,一个玩家要给自己留下尽可能多的步数,给对手尽可能少的步数。玩家通过建立格罗姆所称的"安全区":只适合自己拼板的区域,达到这一目的。

图3.3是格罗姆关于典型的"选定的五格拼板游戏"的见解。玩家A为了摆脱最麻烦的一块X,将它摆在如图所示第一步。(每个棋盘旁边列出了A、B双方所选的拼板,已用过的拼板打叉。)玩家B出W,另一个较难的拼板(第2步)。现在玩家A出F(第3步)为Y创造一个安全区。玩家B出L(第4步)为U创造一个安全区。玩家A出N(第5步),玩家B出I(第6步)创建一个2×3的矩形,仅可容纳剩余的两块拼板:他的P与U。玩家A出V(第7步),但在看到如图(第8步)的游戏必须继续时放弃了。双方轮流下到"安全区",棋盘上余下的空格已不适合玩家A剩下的T了。

格罗姆建议,如果该游戏玩家的水平不相当,水平较高的玩家通过让对手先选拼板后下棋给自己造成不利。更大的不利是让水平较弱的玩家先选2块甚至3块拼板,并且后下。

此游戏还有许多有趣的变形。在"发牌的五格拼板"中,将拼板的名字或形状写在卡上,先洗牌后再发牌,每个玩家根据卡片拿拼板,然后游戏按照"选定的五格拼板"继续。在"合作式五格拼板"游戏中,四个玩家坐在棋盘的四边轮

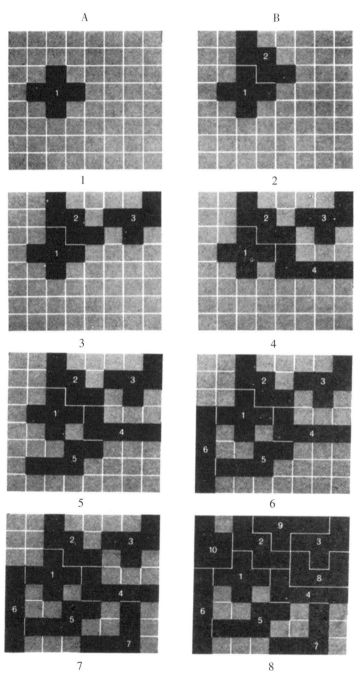

图3.3 "选定的五格拼板"游戏

流摆拼板,对面的两人组成一队。第一个不能再出拼板的一方为输家,前面描述过的三种游戏都可以用这种方式玩。在"激烈的五格拼板"游戏,也适用于上述三种游戏,可以有三个人或更多的人参加,但是每个人各自为阵,最后一个出牌的是赢家。每场游戏赢家得10分,第一个不能出牌的人得0分,其他所有人得5分。

现在,有人向格罗姆建议了一些新问题,在大小不同的棋盘上进行标准游戏。棋盘必须至少是3×3,能有第一步,当然第一个玩家在3×3的棋盘上获胜,因为下不了第二步了。在4×4的棋盘上变成第二个玩家总是能获胜了。格罗姆已经列出了所有可能的第一步——不包括镜像和旋转(参见图3.4)。除了一种情况外的每一局,第二个玩家均有致胜招。读者需要用多长时间找出第二个玩家只有一种获胜的走法的游戏?

也许有人会认为,5×5的棋盘比4×4的棋盘更难分析,但令人惊奇的是,5×5的棋盘简单多了。因为很容易表明第一个玩家的第一步就能致胜,读者能发现这一步吗?

6×6棋盘的复杂性徒增,没人知道哪个玩家占优势。格罗姆写道:"经过彻底的分析,发现几个有前瞻性的下法能使第二个玩家获胜,但是完整的分析非常冗长,涉及对无数种可能的第一步所采取的正确后续策略。"

另一个具有挑战性的问题是决定在13×13或更小的棋盘上能玩的最短游戏步数。(超过13×13的棋盘,所有12块五格拼板都要用上,因此问题变得很琐碎庞杂。)换言之,能在$n×n$的棋盘上摆放12块五格拼板的最小子集是多少块,并且在放完子集内的拼板后,棋盘上再也放不下剩余的拼板了。图3.5中显示了从1×1到13×13的棋盘上的最短游戏步数。在很多情况下,不止一个子集可以得到答案。

5×5的棋盘上的最短游戏步数还是空白。现在有两个简单的问题。这个棋

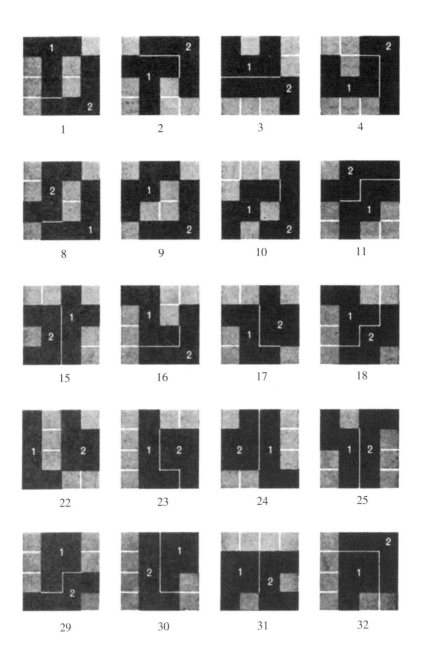

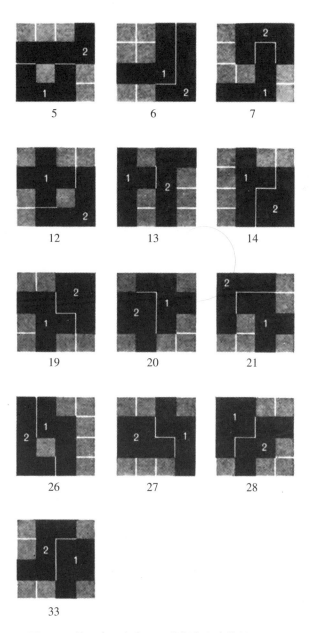

图 3.4　第二个玩家在 4×4 的棋盘上占优势的证明

39

$n=1$

0步

$n=2$

0步

$n=3$

1步

$n=7$

4步

$n=8$

5步

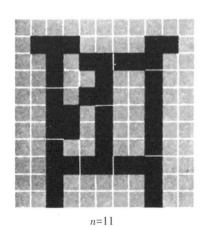

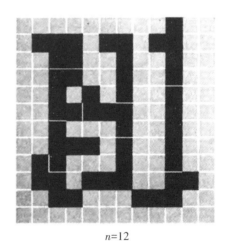

$n=11$

8步

$n=12$

10步

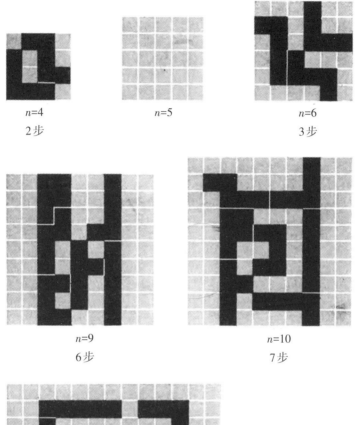

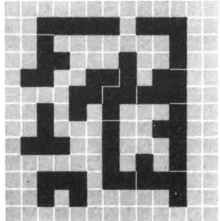

图3.5　从1×1到13×13的棋盘上的最短游戏步数

41

盘上的最短游戏步数是多少,最长游戏步数是多少?

在非正方形的长方形棋盘上又如何呢?格罗姆对面积为36平方单位或更小的棋盘进行了彻底的分析,发现5×6棋盘是最难分析的。第一个玩家如果采用正确的走法总能获胜,有几种致胜的第一步走法。如果读者认为前面四个问题太过简单,可能会喜欢研究这个难得多的问题:找出5×6棋盘上的所有致胜第一步。

有一个类型完全不同的多联骨牌问题——在格罗姆的书中没讨论过,且尚未彻底研究——是:一块给定多联骨牌的复制品能否一起拼成一个矩形(不对称的骨牌也许会翻转,用任何一种方式拼接)。如果可以,能拼成的最小矩形是多少?如果不可以,要证明其不可能性。克拉纳在阿尔伯塔大学读数学研究生时提出了该问题。第二年,一群高中学生在加利福尼亚大学伯克利分校参加夏季数学研讨会时在老师斯培拉(Robert Spira)的指导下研究了这个问题。他们称之为"多联骨牌可修正问题",术语"可修正"指任何可以被复制并拼成一个矩形的多联骨牌。

很明显,单联骨牌(一个正方形)和双联骨牌(两个正方形)是可修正的,因为它们自身就是一个矩形。所有的两种三联骨牌(三个正方形组成的图形)也是可修正的:一个是矩形,两个L型可形成一个2×3的矩形。在五种四联骨牌(四个正方形组成的图形)中,直四联骨牌与正方形四联骨牌就是矩形。两块L型四联骨牌可以构成4×2矩形,T型四联骨牌复制后可以构成图3.6a中所示的4×4正方形。其余的四联骨牌都是不可修正的,证明很繁琐,如图3.6b、3.6c所示,如果将图示的四联骨牌置于矩形的左上角,不可能在矩形的第二个角形成顶边。

类似的不可能性证明能在大多数的五联骨牌中找到。读者可能乐意证明T,U,V,W,X,Z,F及N五联骨牌不可修正。I,L与P骨牌很容易修正。留下的Y

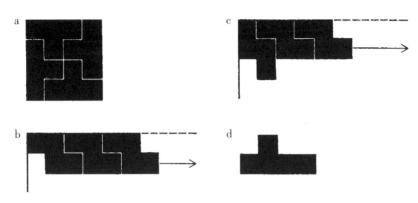

图3.6 拼接矩形问题

骨牌是最难分析的五联骨牌。图3.6d中的五联骨牌可修正吗?如果可以,它拼成的最小矩形是多少?如果不可以,请证明。

克拉纳已经证明了9块六联骨牌是可修正的。图3.7上展示了唯一需要复制超过4块以上才能构成矩形的六联骨牌的最小矩形图,只有一块六联骨牌尚未被证明是可以修正的或是不可修正的,图3.8上就是这块六联骨牌。

图3.7下是唯一需要复制超过4块才可以构成矩形的七联骨牌。已知的最

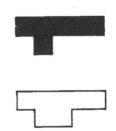

图3.7 修正的六联骨牌(上)
及七联骨牌(下)

图3.8 唯一未解决
的六联骨牌(上)及七
联骨牌(下)

小矩形[纽约州恩德维尔的斯图尔特(James E. Stuart)发现]为14×14的正方形,需要28块七联骨牌。如果读者从一块纸板或薄木板上切下这个七联骨牌的28块复制品,就会发现将其拼成一个正方形是一个壮观的拼图游戏。(可以将骨牌翻转,任意边朝上放置。)尚不知图3.8(下)的七联骨牌是否可修正。

在1974年的一封信中,克拉纳提到了他得出的出色的结论:

> 将R定义为所有大小的矩形的集合——用几块特定的n联骨牌的复制品可拼成。例如,Y型五联骨牌的R为:5×10,10×10,10×14,10×16,…那么,将存在R的有限子集S,使得R中每个元素都可以分成属于S的骨牌。这就意味着对于给定的n联骨牌,仅存在有限的"核心"问题。换言之,如果我们收集了足够多的各种尺寸的矩形,那么所有较大的矩形都将被分成面积较小的矩形。尚未完全确定Y型五联骨牌的核心矩形集合,尽管已知算法是有限的。通常来说,我们不确定是否存在有限的计算确定已知R集的有限子集S,也许不存在。

克拉纳还报道称有一种算法,在有限步内就可以确定一个给定的有限多联骨牌集合复制后可拼成一些n的$k×n$矩形,这里k是一个给定(固定)的自然数。因此,有一个回答的步骤:这多联骨牌的集合可以组成$1×n$的矩形吗?可以

组成2×n以及3×n的矩形吗?以此类推。但是,一个给定的集合可否构成矩形是不可判定的,尽管无人知晓一单个多联骨牌的复制品是否可以拼成一个矩形。

补 遗

1957年11月,我在《科学美国人》专栏中最早介绍了格罗姆的五格拼板游戏(在第一本专栏集再版)。从那时起,两种未经授权的游戏开始推向市场。第一种游戏称为Pan-Käi(马萨诸塞州纽顿市,菲利普斯出版社,1960年),两个玩家用12块五格拼板在一个10×10的棋盘上玩。1967年,帕克兄弟公司推出了宇宙游戏。棋盘的形状像一个粗十字,包括四组五格拼板,可以两个、三个或四个人一起玩。像在Pan-Käi游戏中一样,有一条规则禁止摆放骨牌产生一个少于五个单元格的封闭区域。游戏盒子上印了一个动画片《2001:太空漫游》的场景:表明该游戏是在宇宙飞船的一个计算机棋盘上玩的。然而,在随后电影放映时,该片段却被一个计算机棋类游戏所取代。

第一个正式授权的游戏,配有格罗姆编制的说明手册,于1973年由贺曼贺卡公司斯普林博克分部发行,恰好是格罗姆在哈佛数学学会的令人难忘的讲话中向数学家们介绍多联骨牌的20年后。

答　案

在4×4的棋盘上有33种不同的两步五格拼板游戏,第一个问题是在其中选出对于第二个玩家来说仅有一种获胜的走法。该游戏标号为26,如图3.9A所示。第一步在右侧留下一块空白,仅可以用L型拼板填充,但是如果将L置于空白处,第一个玩家可以通过下在左侧获胜。另一方面,如果第二个玩家将任意一块拼板(除了L)置于左侧,第一个玩家可以通过将L下在右侧获胜。因此,第二个玩家为了获

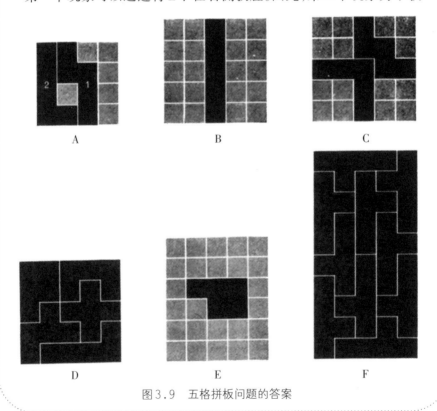

图3.9　五格拼板问题的答案

胜,必须将L置于左侧,如图所示。

如图3.9B中所示,很明显,在5×5的棋盘上,第一个玩家通过在中心放置I拼板获胜。其对手必须将拼板放在一侧,然后第一个玩家通过放在另一侧获胜。该棋盘上的最短游戏有两步(图3.9C),最长的游戏有五步(图3.9D),最短的游戏模式是唯一的,而长的游戏有许多种解法。

如果第一个玩家按照图3.9中E所示在5×6棋盘上走第一步,可以获胜。没有简单的证明,也没有足够的空间写出对所有可能的第二步的正确应对。至少有三种其他的第一步致胜的方法。

Y型五格拼板是可修正的。图3.9F展示了用此骨牌复制品可以拼成的最小矩形,所示的图形是四种可能的方法之一。

用Y型五格拼板拼成一个有奇数块的矩形是可能的吗?答案是肯定的,而且格拉斯哥大学计算机科学家哈塞格洛芙(Jenifer Haselgrove)发现此种最小的矩形是15×15的正方形,这是一个非常有难度的问题,我在此处不作回答。

图3.10提供了图3.7(下)所示斯图尔特对七联骨牌进行的修正,

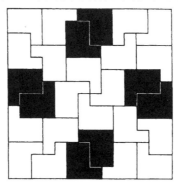

图3.10 修正的七联骨牌拼成的正方形

47

这并不是唯一的,因为四个中心的七联骨牌能以不同的方式拼在一起,并且每对阴影块可镜像互逆。注意此图形迷人的四重对称性。

仅有四种其他七联骨牌已知是可修正的,其平凡的最小解法如图3.11中所示。

图3.11　四种平凡的七联骨牌修正法

第 4 章

棋盘上的马

他扶着手杖坐在那里琢磨，骑士移动阳面山坡上的那棵菩提树的话，那边的电线杆就会被吃掉了……

——纳博科夫（Vladimir Nabokov）

《防御》（*The Defense*）

《防御》，一部有关国际象棋大师的小说，并不是纳博科夫唯一的一部小说。——他是优秀的国际象棋手和设计者——小说中的人物看到在他们周围的马的行动模式。亨伯特（Humbert Humbert），《洛丽塔》（*Lolita*）的叙述者，观察到闪着红宝石色的格窗，评论说："在一尘不染的长方形和它不对称的位置中间皮开肉绽的伤疼——一名骑士从上面走过——总是奇怪地扰乱我。"

马是唯一一个走不对称的正方形模式的棋，正是这种不均衡性，给它的走法带来了不安的陌生感。马在德语中是 Der Springer，横向或纵向跳过两个方格，然后，就像镜子后面的卡罗尔（Lewis Carroll）的白马一样，吃掉左边或右边格上的棋子。描述这种不对称走法的另一种方式是说，马像车一样，横向或纵向走一格；然后又像国际象棋中的象，向左或向右45度沿着正方形的对角线走一格。必须解释中国和韩国象棋中马走的方法，因为中国象棋中的马与西方的相应棋子不同，如果另一个棋子占据了对角相邻的斜方格，马不能走。日本象棋的马（尊贵的马）走法像西方的马，可跳过所有的棋子，但它在棋盘上只能向前跳。

英国智力游戏专家杜德尼（Henry Ernest Dudeney）说，"马是棋盘上不负责任的低等喜剧演员。"没有其他棋子能产生这么多不同寻常的、有趣的组合问题。在本章中，我们将看一下一些经典问题以及格罗姆的一些新发现。

最古老的马的谜题是马的巡游,也是现代大量文学的主题。问题是要找到马(在各种大小和形状的棋盘上)移动的唯一一条路径,满足马占据每个方格一次且仅有一次。如果马返回到它的起点,巡游路径是封闭的;不能通过马的移动连接终点,巡游是打开的。如果棋盘使用西洋跳棋的棋盘颜色,任何巡游路径的单元格会黑白交替。因此,在一次封闭的巡游里,黑色单元格的数量必定与白色单元格的数量一样多。因为所有奇数阶正方形棋盘含有奇数个方格,因此,这样的棋盘上不可能有封闭的巡游。在2×2或者4×4的棋盘上,两种类型的巡游都不可能,但是在更高阶的正方形偶数棋盘上两种巡游都可以。3×4是最小的可以有开放巡游的矩形棋盘,而5×6和3×10是最小的可以封闭巡游的棋盘。如果棋盘有一条边小于3,两种类型的巡游都不可能;如果有一条边小于4,封闭的巡游不可能。

颜色模式简短且巧妙的巡游不可能性证明,被格罗姆通过展示在任何有一条边长为4的矩形的棋盘上,不可能有封闭的巡游得到了醒目的证明。4×n棋盘用四个字母标记(图4.1)。观察马路线上的每个A格的前后一定紧跟C格,A和C单元格数量相等,它们全都必定在任一条封闭的巡游路线上。但是,要占据所有A和C的唯一方法是避开全部B和D,因为一旦从一个C跳到一个D,在没有先占据另一个C的情况下,就没有办法回到A。因此,如果有封闭

B	A	B	A	B	A	B
D	C	D	C	D	C	D
C	D	C	D	C	D	C
A	B	A	B	A	B	A

图4.1 4×n棋盘的阴影部分证明马的封闭巡游不可能性

的巡游,包含的C就会比A多,而这是不可能的,我们得出结论这样的巡游不可能。

没有人知道在8×8棋盘上有多少种不同的马的巡游路径;仅一个类型巡游的变化就有数以百万计。通常人们搜索的都为不寻常的对称巡游,或创建具有明显算术性质的矩阵(巡游路径上的单元格被连续编号)的巡游。例如,图4.2所示的封闭巡游,由欧拉于1759年建立的若干巡游之一,先覆盖棋盘的下半部分,然后覆盖上半部分,全部对称的相对数对(在一条通过中心的直线上)之差为32。

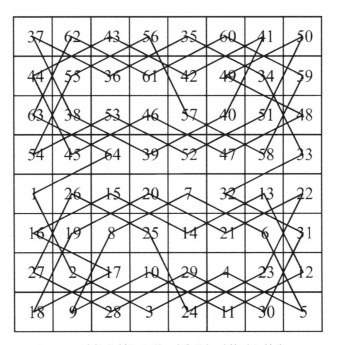

图4.2 欧拉的封闭巡游,对称的相对数对之差为32

一个有四重对称性的封闭巡游(所有90度旋转的模式都是相同的)在8×8棋盘上(或任何有一条边被4整除的棋盘)是不可能的,然而,在棋盘上有5个这样的巡游。感兴趣的读者会发现在克雷契克(Maurice Kraitchik)的《数学娱乐》(*Mathematical Recreations*)第263页上重现了这些巡游。

图4.3展示了一个开放的巡游,由贝弗利(William Beverley)于1848年8月在《伦敦,爱丁堡,都柏林哲学杂志和科学期刊》(*The London, Edinburgh, and Dublin Philosophical Magazine and Journal of Science*)上发表。(他是否就是那个贝弗利,他那个时代的一位著名英国风景画家和舞台设计师,我一直无法确定。)贝弗利的巡游是第一个"半魔术"巡游:每行及每列的和是260(事实上,两个主对角线没有常数和,防止正方形变成"完全魔术的")。如果把贝弗利的正方形沿实线四等分,每个4阶的正方形的行和列都是魔术的。如果再将这四个正方形轮流四等分,每个2阶正方形的四个数字之和为130。沿着巡游路线逆向给方格编号,则产生正方形的补集:一个有前正方形所有性质的半魔术正方形。

在棋盘上是否有全魔术马的巡游?这是马的巡游理论中最大的未解之谜。

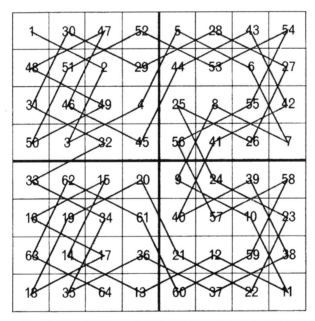

图4.3 第一个半魔术巡游:一个每行及每列方格之和为260的开放巡游

已经找到大量的半魔术巡游,既有开放的也有封闭的,但没有一条主对角线满足所需的和。可以证明,只有在正方形的边长是4的倍数时,完全魔术巡游是可能的。因为在4阶棋盘上不能巡游,满足这个问题的最小正方形棋盘仍是未知。12阶正方形棋盘也没有全魔术巡游,但是,对于16阶,20阶,24阶,32阶,40阶,48阶和64阶正方形棋盘,可以构建这样的巡游。[16阶全魔术巡游见玛达其(Joseph S.Madachy)的《数学度假》(*Mathematics on Vacation*),第88页,1966年。]

在棋盘上,两两不会互相攻击,最多能放几个马?直觉上的答案是32,把马放在所有黑色方格或所有白色方格上。证明却有点棘手,一种方法是将棋盘分成2×4的矩形,这种矩形任何位置上的马只能攻击另外一个马,因此这个矩形上不能有超过四个非攻击性马。由于有八个这样的矩形,在棋盘上可以有不超过32个非攻击性马。

格罗姆指出了一个更聪明的证明[由格林伯格(Ralph Greenberg)提供给《美国数学月刊》,1964年,2月,210页],依赖于棋盘上马的巡游的存在性。正如我们所看到的,沿着这样的巡游路线,黑、白两色方格交替变换。显然,在这样的路径上我们只能放置最多32个非攻击性马。同样明显的是,事实上,马必须在交替的格子上巡游——在所有的白色或黑色的方格上。换句话说,如果我们能把33个非攻击性马放在棋盘上,任何马的巡游必须包括从一个方格跳到另一个相同颜色的方格,这是不可能的。巡游的存在不仅证明了32是最大数,而且还增加了一个额外收获:它证明了两种解决方案的唯一性,这一证明可推广到所有偶数阶正方形上,在这种棋盘上巡游是可能的。当然,在奇数阶棋盘上,巡游肯定在同样颜色方格上开始和结束。因此在这种正方形上只有一个解:把马放在与中心方格颜色相同的所有棋位上。

从最大值转到最小值,我们不禁要问:所有空置的棋位至少遭受一个马的

攻击情况下,在棋盘上最少要摆几个马?下表给出了3阶至10阶棋盘的答案,也给出了每个棋盘不同的解的个数(不包括旋转和映射)。

阶数	马数	解的个数
3	4	2
4	4	3
5	5	8
6	8	22
7	10	3
8	12	1
9	14	1(?)
10	16	2(?)

3阶至8阶棋盘的解的例子如图4.4所示。8阶的独一无二的解经常发表在期刊上。下两个更高阶的棋盘模式,9阶和10阶,还没什么名气。表中的问号表明9阶的解是唯一的,10阶只有两个解,在这三种棋盘模式中,没有一个马被任何其他马攻击,请读者寻找解法。

请注意,在7阶棋盘模式中,所有被占据的棋位都受到攻击,而在8阶模式中,有4个被占据的棋位受到攻击。如果我们再加上一个前提,即只有没占据的棋位受到攻击,那么每个这样的棋盘就都需要更多的马。我知道的最好结果是,7阶棋盘需要13个马,而8阶的棋盘需要14个马。[我要感谢米利(Victor Meally)提供的8阶的解。]

图4.5左侧显示,如何在11阶棋盘上摆22个马使得只有所有空置的棋位被攻击。这种布局发表在《数学家论坛》(L'Intermediare des Mathematiciens),1898年,第5卷,230—231页上。人们一直相信这是最小解,即使马可以互相攻击,直到1973年,巴黎的勒梅尔(Bernard Lemaire)才发现了图4.5右侧的非凡

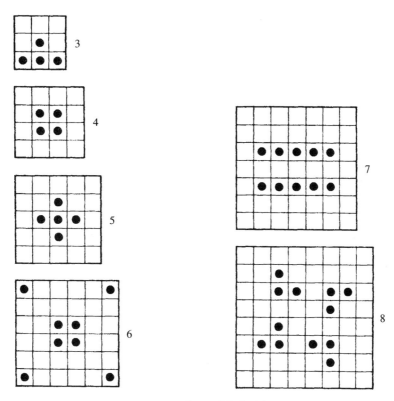

图4.4 3阶至8阶棋盘的解

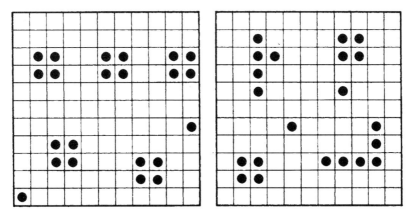

图4.5 11阶棋盘上,22个马只攻击未被占据的位置(左图),但21个马能攻击全部未被占据的位置(右图)

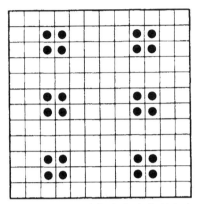

图4.6　在12阶棋盘上攻击所有未被占据的位置,24个马是最小答案

的21个马的解。这一21个马的解最早是1973年秋季发表在《娱乐数学杂志》上,第6卷,292页。

如图4.6所示,12阶棋盘上所有未被占据的位置可受到24个马的攻击。如果不允许一个马攻击另一个马,这是最好的解决方案,是这两个问题唯一的解。

在阿伦斯(Ahrens)的作品中(第2卷,359页),他给出的最著名的解:在边长为13、14和15的棋盘上分别用28,34,和37个马攻击所有空的位置(马可能或不可能互相攻击)。1967年戴维斯(Harry O. Davis)将14阶棋盘上的马减少到32个,他的两侧对称图案(图4.7)在这里首次公开。

假如我们要求所有的位置,不管有没有被占据,都遭到攻击,最简单的方法是在透明纸上画两个棋位模式,一个是攻击所有黑格的最小马数,另一个是攻击所有白格的最小马数,然后将这两种模式以各种方式叠起来,获得最终的解决方案。在棋盘上——正如杜德尼在他的《数学消遣》解释第319题的解那样——7个马(最小数)只有两种模式攻击一种颜色的所有方格。通过用所有可能的方式结合两种模式,来攻击64个方格,可以得到只有三种14个马的攻击模式,旋转和映射不计为不同。我没有听到过在高阶棋盘上的这种解法。

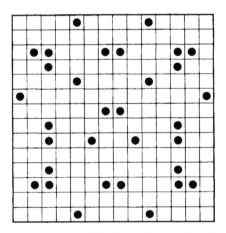

图4.7　14阶棋盘上32个马可攻击全部未被占据的位置

骑 兽 跳 棋

　　大约在1947年,格罗姆发明了一种混合式游戏,将国际象棋和西洋跳棋结合在一起,自然他称之为"骑兽跳棋"。像西洋跳棋一样,它在8阶棋盘的32个黑方格上玩。由于马不离开黑色方格就不能移动,格罗姆发明了一种改良的马,最近被命名为"厨师"。厨师横向或纵向走三个方格而不是两个,然后再直角转弯走一个方格,放置在中间的厨师可走八步(见图4.8)。

图4.8　放在中间位置的厨师可走八步

　　"厨师"实际上是14世纪波斯象棋中一颗叫做"骆驼"棋子的重塑。这种复杂的早期版本象棋的规则和棋盘,由于有一份幸存的波斯手稿而被人们完全所知,其中最完整的翻译在福布斯(Duncan Forbes)撰写的《国际象棋史》(*History of Chess*)中(伦敦,1880年)。该游戏被称为帖木儿象棋,因为据说帖木儿大汗曾很喜欢这个游戏。除了在棋盘两边有两头骆驼,还有两条"毒蛇"(对应马)和两枚所谓"长颈鹿"棋子,该棋子沿对角线走一格,然后继续向前横向或纵向走任意格。欧拉研究的是像骆驼那样移动的棋子的路线。

"厨师的发明",格罗姆写道,"马上带来了两个问题:在西洋跳棋棋盘上有厨师的巡游吗?又有多少枚厨师不会破坏跳棋?(即,最多可在棋盘上有多少枚非攻击性厨师?)"

为了回答第一个问题,格罗姆采用了他的同事韦尔奇(Lloyd R. Welch)建议的变形棋盘(见图4.9)。将单元格比原跳棋棋盘的格子大一倍的锯齿形的棋盘叠加在原棋盘上,每个黑格都对应锯齿形棋盘上的一格。若适当重新定义走法,那么每个可在原棋盘黑单元格上玩的游戏都可以在锯齿形棋盘上玩。由于变形将原棋盘上的行和列变成了锯齿形棋盘上的对角线方向,反之亦然,而在原棋盘的象的步法变成了在锯齿形棋盘上车的步法,而车的走法变成了象的走法。在锯齿形棋盘上玩跳棋,开局时红色棋子在1至12位置上,黑色棋子在21至32位置上,棋子走直线而不是对角线。(读者有没有想过,因为跳棋只用一种颜色的棋位,两局同时进行又完全独立的跳棋游戏,可以四人围坐在同一个棋盘周围玩,每对对手使用不同的颜色?)

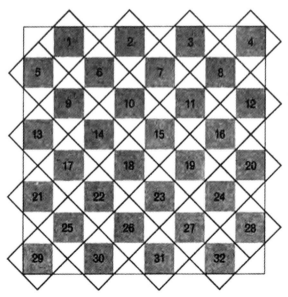

图4.9　由韦尔奇设计的变形棋盘

　　格罗姆指出,更令人惊讶的是,厨师在跳棋棋盘上的走步,在锯齿形棋盘上变成马的走步!因此,一个厨师在跳棋棋盘上的巡游对应于一个马在锯齿形棋盘上的巡游。一个马在锯齿形棋盘上的封闭巡游的例子是:1-14-2-5-10-23-17-29-26-32-20-8-19-22-9-21-18-30-27-15-3-6-11-24-12-7-4-16-28-31-25-13。这些数字追踪厨师在跳棋棋盘上黑格上的巡游。[关于另外两个标准跳棋棋盘上的厨师封闭巡游,请见克雷契克(Maurice Kraitchik)《数学游戏》,265页。]

　　因为每个厨师在棋盘上的每一步,连接了被两个马步分开的两个格子,这使格罗姆想到,可能在跳棋棋盘有这样一条马的巡游,沿着它的每个交替方格构成了一条厨师巡游。然而,他很快发现,当一个马走到棋盘的角上时,它会从对角相邻的方格跳到另一格,此格是它离开那个角落时,被迫要跳到的那一格。这两个对角相邻的方格并不是厨师的移动分开的,因此,格罗姆写道,"想从原来一个马的巡游中提取出一个厨师的巡游是无望的。"

　　格罗姆的第二个问题的解法与马的类似问题的解法是一样的。因为棋盘上存在厨师巡游,沿着这样巡游路线最大的厨师数必须占据16个交替的格子。如果读者标记沿着巡游的16个偶数格(或16个奇数格),他就会得到两个解法模式中的一个。在跳棋棋盘上,被标记的格子形成一个正方形格子,占一种颜色的一半。在锯齿形棋盘上,若棋盘使用西洋跳棋棋盘颜色,那么被标记的方格全都是一种颜色。

　　对于那些想玩格罗姆骑兽跳棋的人,请见图4.10所示的一边12颗棋子的布局。八个兵(M)的走法如跳棋,两个王(K)的走法与跳棋中的王相同,象(B)的走法与国际象棋中的象相同。厨师(C)的棋步如前所述。如国际象棋中的马一样,厨师不受中间的棋子限制。兵和王与跳棋中的兵和王一样,跳过对方的棋子后,才能把该棋子吃棋。象和厨师的吃法像在国际象棋中那样,通过移动到对方棋子处,吃掉该棋子。如果存在跳棋吃子的机会,就必须跳,除非还存在国际象棋吃子的机会,在这种情况下,玩家可以按照意愿先走国际象棋吃子。国际象棋吃子可走可不走。走到底线的兵可以升级,但拥有该棋的玩家可以选择让它升为王、象或厨师。

　　游戏时玩家轮流走棋。游戏的目的是捕获对手所有的王,第一个没有王的玩家是输家。因此,格罗姆写道,把兵升成王(为了更好的防御)还是升成象或厨师(为了进攻),是一个重要的战略决策。正如在西洋跳棋中,一个被堵死的位置让玩家不能动是一个损失。

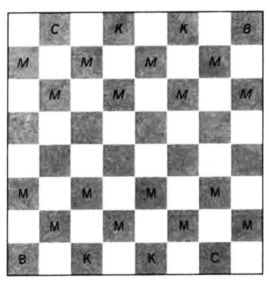

图4.10　　格罗姆"骑兽跳棋"游戏的开局

补 遗

艾萨克指出,图4.9所示锯齿形棋盘能解决他少年时在《纽约世界报》(*New York World*)上看到的那个谜题。"一位苏格兰跳棋玩家,"艾萨克写道,"因为棋盘的荒废而发怒,他切掉了一半的棋盘,剩下的部分简单地连接着,使用原来棋盘的方格,并没有额外的标记,仍可以玩规范的跳棋游戏,他是怎么做到的?"

一些读者试图设计一个骑兽跳棋的"愚者自将",即最短的可能规则游戏。最短的游戏来自英国曼彻斯特的谢波德(Wilfred H. Shepherd),黑色方格编号如图4.9所示,K,C,B,M分别代表王,厨师,象和兵。这个游戏是:

1. M22–17	1. C1–13
2. M23–19	2. C13–18
3. C32–20	3. C18×K30
4. C20×M8	4. C30–18
5. C8×K2	5. C18×K31(赢)

答　案

图4.11(左)说明如何在9阶棋盘上放置最少的马,14个,使所有未被占据的位置都遭到攻击。这个解法被认为是唯一的。图4.11(右)说明了如何在10阶棋盘上用16个马攻击所有未被占据的位置。在11位读者发现如图4.12所示的第二种解法前,人们一直认为它是唯一的解法。

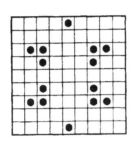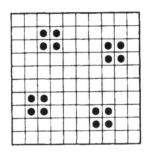

图4.11　9阶和10阶棋盘的解法

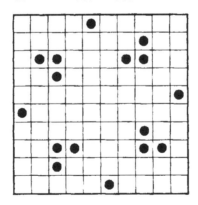

图4.12　新发现的10阶棋盘的第二种解法

第 5 章

龙形曲线和其他问题

1. 被打断的桥牌游戏

一个玩桥牌的人正在发牌,发了大约一半的牌时,突然被一个电话打断了,当他回到桌旁,谁也没记住他最后一张牌发到哪了。不查看四堆牌任意一堆的牌数,也不数还未发的牌数,他如何能继续准确地发牌,保证每个人得到的牌与他没被电话打断时一样?

2. 诺拉·L·拉诺

一位女大学生的名字有着一个不同寻常的回文结构,叫诺拉(Nora)·L·拉诺(Aron)。她的男朋友,一位数学专业的学生,一天早晨厌烦了枯燥无聊的演讲,于是便自娱自乐地编写了一组很棒的数字密码。他用一个简单的乘法形式写下了他女友的名字:

$$
\begin{array}{r}
\text{NORA} \\
\times \quad \text{L} \\
\hline
\text{ARON}
\end{array}
$$

是否有可能在0到9的10个数字中给每一个字母指定一个数字,得出一个正确的乘积呢?他惊讶地发现,有并且只有唯一的解。读者要想把它解出来,需费点周折。假定这两个四位数的数字都不是以零开头的。

67

3. 多联骨牌的四色问题

　　多联骨牌是由单元正方形拼在一起组成的形状。单独的一个正方形是单联骨牌，两个正方形为多米诺骨牌，三个正方形可以拼在一起，组成两种三联骨牌，四个正方形组成五种四联骨牌，如此等等。最近，我自问：最低几阶的多联骨牌其四个复制品可拼在一起，使每一对骨牌都有一条共同的边界？我相信八联骨牌就是答案，但是我无法证明。加利福尼亚州圣巴巴拉的哈里斯（John W. Harris）找到了五个解（还有更多）（见图 5.1）。如果把每块骨牌视为地图上的一个地区，很显然每个图案都需要四种颜色才可以防止相邻的两个地区颜色相同。

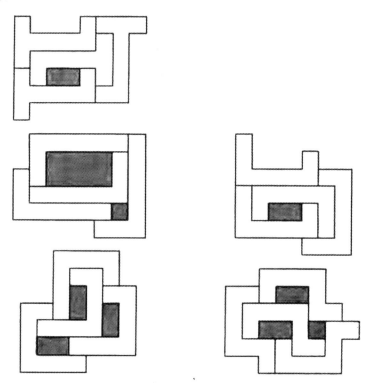

图 5.1　哈里斯的八联骨牌拼法

现在让我们去掉四个复制品的限制，并提问：最低几阶的多联骨牌，其任意多块复制品形成的图案需要四种颜色？任何一组四个颜色不必一定是相互邻接的，仅需要考虑如何放置复制的多联骨牌。如果给每个复制的多联骨牌一种颜色的话，需要四种颜色，才可以防止两块颜色相同的骨牌共享同一边界。复制的多联骨牌之间形成的区域不被认为是"地图"的一部分，这些区域不着色。答案是一个远低于八阶的多联骨牌。

4. 有多少个点?

这个双重问题是剑桥大学三一学院的莫里森（D. Mollison）在1966年阿基米德协会会员的问题竞赛中提出的，这个协会是一个剑桥大学学生的数学社团。

第一个问题：假定任意两点之间的距离都不小于 $\sqrt{2}$ ，在图5.2所示的图上或图内最多能放置多少个点？

第二个问题：不把旋转和镜像视作不同，有多少种不同的方式来放置最多的点？图中虚线表明，这是由四个半正方形包围一个单位正方形所形成的图形。

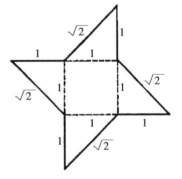

图5.2　莫里森问题

5. 三 枚 硬 币

当你背对着朋友，他把一角、五角和一元的三枚硬币放在桌子上，他可以随意排列这几枚硬币，使其正面朝上还是背面朝上，三枚硬币不全是正面朝上，也不都是背面朝上。

你的目的是，不看硬币，发出指令使三枚硬币的朝向变得相同（全部正面朝上，或全部背面朝上）。例如，您可以让你的朋友翻转一元的硬币，然后他必

须得告诉你,翻转后所有硬币是否一样。如果不一样,你再指定一枚硬币让他翻转。一直持续这个过程,直到他告诉你说三枚硬币的朝向完全相同。

第一次动作(翻转)时,你成功的概率是1/3,如果你采取最佳策略,在两次动作(翻转)或更少的动作后取得成功的概率是多少?保证成功前的最小动作数是几步?

读者应该很容易找到这些问题的答案,但现在我们把游戏搞得复杂一些。局面和之前一样,只是这一次你的目的是使所有的硬币都正面朝上。除硬币全部正面朝上外,任何初始模式都是允许的。同之前一样,每一次动作(翻转)后,都有人告诉你,你是否成功了。假设你用最优策略,那么保证成功的最少动作(翻转)是几步?做两次动作(翻转)或更少,成功的概率是多少?做三次动作(翻转)或更少,成功的概率是多少?一直翻到最后在哪一步概率达到1(确定成功)?

6. 25 个 马

5×5的西洋跳棋棋盘的每一个方格都由一个马所占据。是否有可能让所有25个马同时移动,结束时所有的单元格还会同之前一样全被占据?每一步必须是标准的马的步法:朝一个方向走两个格,然后转直角走一格。

7. 龙 形 曲 线

一本小册子的封面上设计有一奇异的装饰,该小册子是当时还在加州大学欧文分校攻读物理学博士的哈特(William G.Harter)为美国国家航空航天局"群论"研讨会准备的,他去年夏天曾在克利夫兰美国国家航空航天局刘易斯研究中心教授过该理论。他所称的"龙形曲线"(见图5.3),是他的美国国家航空航天局的一位同事,物理学家海威(John E. Heighway)发现的。后来哈特、海

威和另一个美国国家航空航天局的物理学家班克斯（Bruce A. Banks）一起进行了分析。曲线与群论无关，但是，哈特用它来象征他所谓的"本学科内发现的隐性结构增殖。"这些曲线沿方格纸上的格子线绘制出来，呈现出一个奇妙的路径，每个直角呈圆形回转，清晰表明曲线路径不会相互交叉。你会看到曲线隐约酷似蛟龙出海，用左侧的脚爪戏水，它弯曲的鼻子和卷曲的尾巴刚好位于一个假想的水线上方。

要求读者找到一个生成龙形曲线的简单方法。在答案中我将解释三种方法：一种基于二进制数字序列，一种是折叠纸的方法，一种是基于几何结构。正是第二种方法导致了曲线的发现。我会解释12个点的重要性，它们暗示了这是个12阶的龙形曲线。它们恰好位于一条对数螺线上，但一直没被注意到，直到后来它在曲线构建上不起作用。

8. 10 名 士 兵

10名士兵站成一排，他们中没有两个人的身高是一样的。这些人可以有10!即3 628 800种不同的排列方式，但是在每个排列队形中，至少会有4名士兵将排成身高递增或递减的队形。如果除这四名士兵外，其他所有士兵都离开这个队列，这4名士兵将站得像一行排箫一样。

您可以用10张点数从1到10的纸牌做实验来证实。纸牌的数值代表战士的身高。不管你在一排中怎样排列这10张扑克牌，总可以挑选出4张（当然，也许有更多张）呈升序或呈降序排列。举例来说，假如你按以下顺序排列扑克牌：5,7,9,2,1,4,10,3,8,6。5,7,9,10是递增序列。你能够通过移动，譬如说，把10移到7和9之间，来消除这组升序牌吗？不能，因为这时你创建了一组数字为10,9,8,6的牌，它们是递减数列。

设（排箫数）p为在几个身高都不同的士兵的所排队列中，能够找到的降序

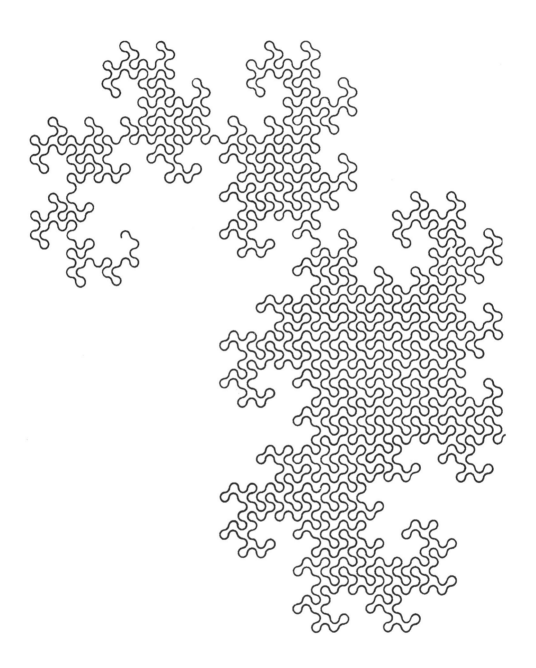

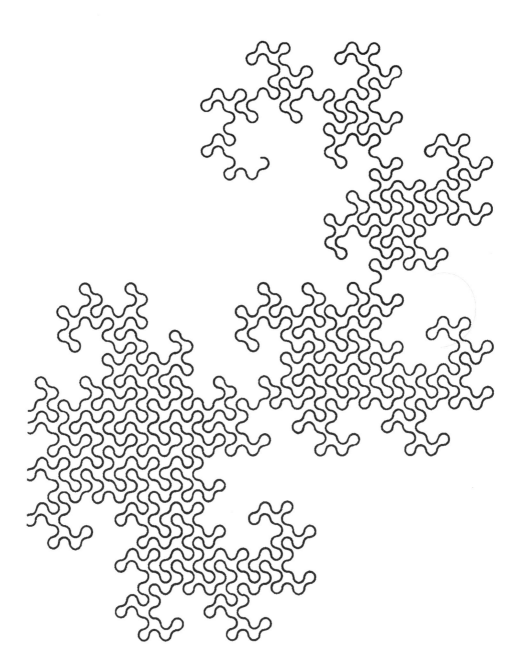

图 5.3　12 阶"龙形曲线"

或升序排列的最大士兵集合人数。这一问题是要证明——证明并不容易——如果 n 等于 10，则 p 等于 4。这样证明后，你很可能会发现一般规则,通过它,对每一个 n, p 数很容易被计算出的一般规则。

9．一个奇怪的整数集

整数 1, 3, 8 和 120 组成了一个具有显著属性的集合:任何两个整数的乘积都比完全平方数小 1。求:不破坏这个属性,找到第 5 个可以加进这个集合的数。

1. 他把最后一张牌留给自己,然后继续从底部按逆时针方向发牌。

2. NORA×L=ARON,具有的唯一解为 2178×4=8712。如果诺拉中间名字是 A,独一无二的解就是 1089×9=9801。2178 和 1089 是仅有的两个小于 10 000 的数,其倍数是自己的反序数(不包括回文数,如 3443 乘以 1 这种简单的情况)。多个 9 可以插在每个数字的中间,获得更大的(但乏味的)具有相同性质的数字,例如,21 999 978×4=87 999 912。

在所有数系中,关于这些数的报告,请参阅萨特克利夫(Alan Sutcliffe)的论文《当逆数整数时,整数增大》,《数学杂志》,1966 年 11 月,第 39 卷,第 5 期,282—287 页。

较大的数,也可以通过重复每一个四位数来构造:因此,217 821 782 178 × 4 = 871 287 128 712,而 108 910 891 089 × 9 =

980 198 019 801。当然，像21 999 978这样的数也可以重复来产生可反序的数。克罗金斯基(Leonard F. Klosinski)和斯莫拉斯基(Dennis C. Smolarski)在他们的论文《论数字的反序》，(《数学杂志》1969年9月，第42卷，208—210页)中表明4和9是唯一可作为非回文数反序的乘数。可以用另一种方式来解释，如果一个整数是其反序数的一个因数，这两个数中较大数除以较小数一定等于4或9。

8712和9801是仅有的是其反序数的整数倍的四位数，这一事实由哈代(G. H. Hardy)在他著名的《数学家的道歉》(Mathematician's Aplogy)一书中，作为一个非严肃数学的例子引用。对于那些痴迷于这种奇异之事的人，我奉上下面表格，该表格是由盖恩尼(Bernard Gaiennie)发来的，它特别强调了两个数字之间的奇妙关系：

1089	6534
2178	7623
3267	8712
4356	9801
5445	

当然，这九个数是1089的前9个倍数。当你纵向向下观察数字时，注意数的连续顺序。如果把前五个数分别乘9，4，$2\frac{1}{3}$，$1\frac{1}{2}$和1，得到的乘积为后五个数的反序。1，4和9是前三个平方数，但其他两个乘数，$2\frac{1}{3}$和$1\frac{1}{2}$似乎有些不同寻常。

3. 图14.4表明，如何最少用6块多米诺骨牌，拼在一起，每块骨牌

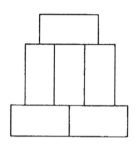

图 5.4　6 块多米诺骨牌,4 种颜色

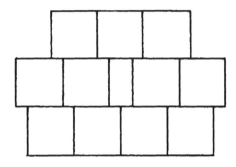

图 5.5　单联骨牌问题的解决办法

都涂上颜色,必须有 4 种颜色防止相邻的两块多米诺骨牌颜色相同。

　　上面是我提供的解。令我惊异的是两位读者尼尔森(Bent Schmidt-Nielsen)和安利(E. S. Ainley)发现最少 11 块单联骨牌(单位正方形)的办法。他们的解见图 5.5。柯龙(R. Vincent Kron)和格林德利(W. H. Grindley)提供了非正式的证据表明,11 是最小的数。

　　如果我们问的是使其拼在一起两两共享一条公共边的最大的单联骨牌数,答案显然是三。回答有关这些立方体的问题并非易事,即将立方体拼在一起,每对立方体有一个共面,最多可以有几个立方体?一个共面不必是一整个面,但它必须是一个面,而不是线或点。

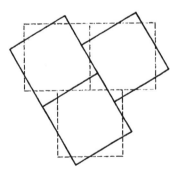

图 5.6　立方体问题的解决办法

　　答案是六个立方体,参见图 5.6,由三条实线所示立方体位于三条虚线所示的立方体之上,这是个漂亮的解。

4. 如图5.7所示，图形中可以放置五个点，使得每对点之间的距离等于或大于 $\sqrt{2}$ 。有足够的余地让每个点稍稍错开，因此，不同模式的数量是无限的。读者是否陷入了一个精心策划的陷阱，认为每个点都必须落在一个顶点上？

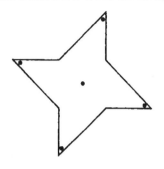

图5.7　点拼图游戏解法

这个问题出现在《尤里卡》(*Eureka*)上，这是一本关于阿基米德的期刊，1966年10月，第19页。

5. 让三枚硬币全部正面朝上或全部反面朝上的最佳办法是，首先把任意一枚硬币翻过来，接着翻另一枚硬币，最后再翻刚才的第一枚硬币。第一步成功的概率是1/3。如果失败，第二步成功的概率为 $\frac{1}{2}$ 。或许有人认为，这两个概率之和就是在两步或更少之内成功的概率，但这是不正确的。你必须检验前两步对六个等价可能的初始状态中的每一个的影响效果：HHT，HTH，HTT，THH，THT，TTH(H代表正面，T代表反面)。因对称性允许在前两步任选两枚硬币，在四种情况下都会成功，因此，在第二步或第二步之前成功的概率为六分之四，即2/3。

如果目的是要让所有的硬币都正面朝上，用七步保证能成功。在八种可能的初始模式中，只有HHH被排除在外。因此，你必须从头到尾研究一遍七个模式变化，以确保在过程中变成了HHH。施瓦茨(Samuel Schwartz)提出了一个简单易记的策略，是将硬币标为1,2,

3,并按照这样的顺序1,2,3,2,1,2,3来翻转硬币。在第一步成功的概率是1/7,在第二步成功的概率是2/7,依此类推直到第七步,成功的概率可达7/7,即1。

如果硬币的数量为n,显然,所需步数为2^n-1。步数的序列对应于数字在二进制格雷码中的序列(请参阅我于1972年8月发表在《科学美国人》专栏上的文章《论格雷码》)。艾萨克和里德尔都将这种情况作为竞技游戏来分析。藏硬币的玩家要将步数最大化,而寻找模式的玩家要将步数最小化。藏硬币玩家的最优策略是在三个硬币的七种可能状态里随意挑一种。寻找模式的玩家的最优策略是用二进制中的数字1到8,标记立方体的角,这在1972年8月的栏目中解释过的,然后沿着立方体的边绘制哈密顿图(路径)。步数的序列对应于二进制数的序列,它由对应于数字111或000的角开始,沿着路径,两个概率相等的方向任选一个,然后遍历路径。如果两个玩家都用最优策略,预期步数为四。

有一个更一般的问题,有n个开关,只有当所有开关都关闭,灯才点亮。它出现在1938年12月的《美国数学月刊》,第695页,问题E319。对于这种类型寻优游戏的一般理论,请参见艾萨克的《微分游戏》(*Differential Games*,威利出版社,1965),345页f。

6. 这25个马不能同时跳到不同的方格中。这很容易通过奇偶校验来证实。马的移动是从一个方格跳到不同颜色另一个的方格。一个5×5棋盘有13个一种颜色的方格,12个另一种颜色的方格。13个马显然不能跳入12个方格中,除非其中两枚棋子落在同一个方格内。这

一证明适用于所有奇数格的棋盘。

如果用车取代马，但限制一次只能移动一格，同样的不可能性证明显然适用，当然也适用任何马和这种车混合的游戏。

7. 每条龙形曲线可以由二进制数字序列来描述，当曲线在方格纸上从龙的尾部描到其鼻部时，1代表左转，0代表右转。每一阶的公式都是通过递归法从低一阶的公式得到：加1，然后复制该1前面所有的数字，但改变该组数字的中心的那位数。一阶龙的公式为1。在这种情况下，加1之后，左侧只有一位数字，而且，因为该数字也是"中心"数字，我们将其变为0，得到二阶龙的公式110。为了得到三阶龙公式，加1，后面跟着110，改变中心的数字得到：1101100。较高阶的公式也以同样的方式获得。很容易看出每条龙都包含两条下一阶龙的复制品，但以头对头的方式连接，从鼻子到尾巴绘制第二条龙。

图5.8显示了0到6阶的龙形曲线。所有的龙都是从尾巴到鼻子绘制的，并在这里转弯，让每一条龙都向右游，龙的鼻子和尾巴的尖端接触到水线。如果把1作为右转的标志，而非左转，把0作为左转的标志，则该公式产生一条龙向着相反方向。每条曲线上的点对应于从7阶到曲线阶数的连续阶的公式的中心数字1。这些点，无论在哪一阶的龙形曲线上，都位于一个对数螺旋线上。

物理学家海威发现的龙形曲线来自一个完全不同的方法。把一张纸对折，然后将纸打开呈直角，观察纸的边缘，你会看到一条1阶的龙。把这张纸朝同一方向再折叠两次，打开纸使每个折叠处都是直角，纸的对边会呈现2阶的龙形，每一条龙都是另一条龙的镜像。再

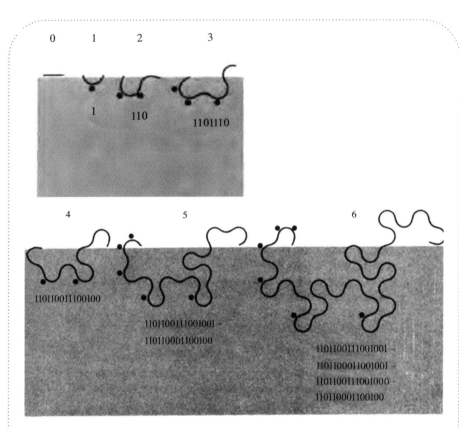

图 5.8 0 到 6 阶的龙和其二进制公式

把该纸对折叠三次,就产生一条 3 阶龙,如图 5.9 所示。通常,n 次折叠产生 n 阶龙。

当然,二进制公式也可以应用于把一条折叠纸带(收银机的纸带卷效果很好)变成高阶龙。让每一个 1 代表一次"山折叠",每一个 0 代表一次"谷折叠"。从纸带的一端开始折,根据公式进行折叠。当打开纸带每个折叠处都是直角时,就会呈现出与你所用过的公式相对应的龙的形状。

物理学家班克斯发现了如图 5.10 所示的几何结构。这一几何结

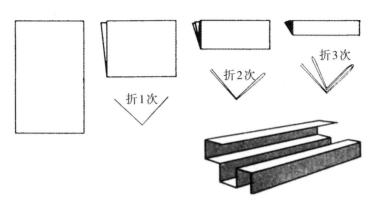

图5.9　折叠三次产生一个3阶龙

构始于一个大的直角,然后每一步,每一条线段中按图示的方式被两条成直角的较短线段所取代。这与"雪花曲线"的构建很相似。在我的《数学游戏之六》第22章中,我作过解释,读者应该能明白为什么这与折纸会产生出相同的结果。

哈特,第三位最早分析龙形曲线的物理学家,发现各种可以把龙

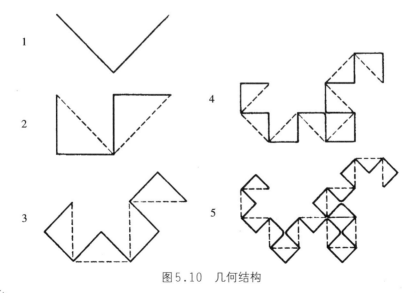

图5.10　几何结构

形曲线紧密组合在一起的奇妙方法,就像七巧板一样,用来铺成平面,或形成对称图案。它们连接的方式有,鼻对鼻、尾对尾、鼻对尾、背靠背,背贴腹,等等。图5.11是4条六阶龙,它们面朝右侧,呈尾—尾—尾—尾的组合方式。如果读者希望产生一种夺目的图案,就用图5.3的方式组合4条12阶龙形曲线。如果四条曲线都无限长,它们完全填满平面,每一单元格的边缘恰好穿过一次。在龙形曲线拼接实验中,你最好使用透明纸来画龙,这样可以将纸用各种方法叠起来。

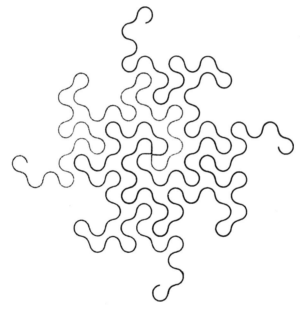

图5.11 尾—尾相连的4条6阶龙

斯坦福大学的计算机科学家克努特,和加拿大多伦多大学的数学家戴维斯对龙形曲线进行了广泛的研究。他们的由两部分组成的文章《数字表示与龙形曲线》[《休闲数学学报》(*Journal of Rocreational Mathematics*),第3卷,1970年4月,第66-81页和第3卷,1970年7

月,第133—149页]论述了获得龙形曲线序列的方法,曲线的变化和推广,包括其属性。请参阅克努特及其妻子吉尔(Jill)于1971年夏在同一期刊的第6卷,第165—167页中描述他们是如何利用带有9阶龙图案的三种类型的瓷砖,贴满自家一面墙壁的。

8.如果n名不同身高的士兵站成一排,至少有p名士兵要么在递增序列里,要么在递减序列里,数p是不小于n的最小完全平方数的平方根。

为了证明这一点,用一对字母a和d标记每名士兵。设a为包括这名士兵自己在内,其左侧在身高递增序列中的最大人数。(左侧,我指的是当你面对士兵时,你的右侧。)设d为包括他自己在内,其左侧在身高递减序列中的士兵最大人数。很容易证明(留给读者证明),没有两个士兵可以有相同的一对数,或许他们的a相同,或许d相同,但不可能两个都相同。

假设10名士兵排列成他们最大的升序或降序子集最少有p名成员。任何士兵都不可能有一个大于p的a或d。因为任何两名士兵都没有完全相同的一对a和d,p必须足够大,以提供至少10对不同的a和d。

p可以等于3吗?不能,因为这仅仅提供$3^2 = 9$对数:

a	1	1	1	2	2	2	3	3	3
d	1	2	3	1	2	3	1	2	3

任何一个p会提供p^2对a和d数。因为3^2是9,我们没有足够与10名士兵相对的数,但4^2是16,绰绰有余。我们的结论是,无论10名士兵如何排列他们自己,但至少会有4名士兵按升序或降序排列,一直到16

名士兵,p还在士兵的子集中。但17名士兵的p为5,我们需要下一个更高的p来满足足够的a和d。

如果100名不同高度的士兵站成一排的话,不可能有少于10个人的按排箫顺序排列,但是如果多加一名士兵,则p就跃升至11。

对这个问题的一个热烈讨论刊登在《组合分析》(*Combinatorial Analysis*)第7章中,是由罗塔(Gian-Carlo Rota)编写的,刊登在美国国家研究委员会下属的支持数学科学研究委员会编辑的文集中(1969年麻省理工学院出版社出版)。对于该问题的推广,请阅读两篇文章:一篇为《单调子序列》(*Monotonic Subsequences*),由克鲁斯卡尔(J. B. Kruskal)撰写,于1953年刊登在《美国数学学会论文集》,第4卷,第264—274页,第二篇为《最长递增和递减子序列》(*Longest Increasing and Decreasing Subsequences*),由斯金斯戴特(Craige Schensted)于1961年发表在《加拿大数学杂志》(*Canadian Journal of Mathematics*)第13卷,第179—191页。

9. 第五个数字是0。当然,答案无关紧要,只是想开个玩笑。然而,现在出现了一个有难度的问题:有没有第五个正整数(1,3,8,120除外),可以被加到该集合中,使得该数集保留其性质——即集合中任意两个数的乘积是比一个完全平方数小1?

这个异常困难的丢番图(Diophantine)问题可以追溯到费马和欧拉。[见迪克森(L. E. Dickson)的《数论的历史》(*History of the Theory of Numbers*),第2卷,第517页f。]这个问题有一段有趣的历史,一直到1968年才最终解决。布坎普(C. J. Bouwkamp)的一个在荷兰埃因

霍温科技大学的学生,在《科学美国人》上看到这一问题后,便对布坎普提起此事。布坎普又把这个问题告诉了他的同事林特(J. H. van Lint)。1968年林特证明,如果120可以由一个正整数来代替,而不破坏集合的性质,则该数字必须超过1 700 000位数。接着,剑桥大学的贝克(Alan Baker)把林特的结果与自己深奥的数字定理相结合,最终解出了该问题。1969年,贝克和达文波特(D. Davenport)在《数学季刊》(*Quarterly Journal of Mathematics*,第二系列,78卷,1969年,129—138页)发表的一篇论文中,证明了不存在一个数可以代替120,当然,接着得到该集合不可能有第五名成员。这一证明是复杂的,涉及精确到小数点后1040位的几个数的计算。

大家知道,有无穷多个四个正整数的集合,都具有所需的性质,其中1,3,8和120的和最小。你会发现达德利(Underwood Dudley)和亨特(J. H. Hunter)在《娱乐数学杂志》(1971年4月第4卷,第145-146页)对该问题的讨论中,列出其他20种解法。卡纳加萨巴佩斯(P. Kanagasabapathy)和彭内迪(Th. Ponnudurai)于1975年发表在《数学季刊》(第3卷,第26期,275—278页)的一篇论文中,给出了一个简单的证明,1,3,8,120集合没有第五个数。这个问题也是小霍加特(V. E. Hoggatt,Jr.)和贝赫姆(G. E. Bergum)1977年12月发表于《斐波那契季刊》(*Fibonacci Quarterly*,第15卷,第323—330页)中的《费马和斐波那契数列的一个问题》一文的主题。

是否有满足期望属性的5个正整数的集合?据我所知,仍然没有答案。

第 6 章

彩色三角形和立方体

1967 年,加利福尼亚计算机程序员阿姆布鲁斯特(Franz O. Armbruster)重新设计了一个诱人的小智力游戏逗你玩,这个游戏以数十种形式销售长达半个多世纪。阿姆布鲁斯特将该小游戏巧妙包装且廉价化,还附上简洁、诙谐的说明书,称它为"瞬间疯狂"。它瞬间就成功了,1968 年帕克兄弟公司买断了它,其销售额十分惊人。小游戏只不过是由四个小塑料立方体组成,大小一样,共四种颜色,每个面一种颜色。游戏很简单,将这四个立方体排成一行,使所有四种颜色出现在这行的每四个面上。

这个游戏最完整的分析,出现在由英国格拉斯哥市数学家奥贝恩撰写的《谜题和悖论》(*Puzzles and Paradoxes*,1965 年)第七章中,奥贝恩计算出随机解决这个问题的概率是 $\frac{1}{41\,472}$!他写道,逗你玩,其最挑逗人的特性,正如它的名字一样,是"只要做一些微不足道的变化,它就会一次又一次地新生,而许多其他不错的谜题出现一次就消失了,或只在私下流传!"

"瞬间疯狂"被认为是一个庞大的一般组合问题中的一种,其中正多边形或多面体,将它们的边或面用颜色、数字或其他符号来区分,在一定的限制条件下组合在一起,以实现特定的图案。组合数学的创始权威之一,麦克马洪少校(Percy Alexander MacMahon,1929 年去世)为这样的谜题倾注了大量的思

想。麦克马洪是一位物理学教授和数学家,是《组合分析》(*Combinatory Analysis*,1915,1916)的作者,为《大英百科全书》(*Encyclopaedia Britannica*)第十一版撰写了这一主题的出色引言。他还编写了一本鲜为人知、长期绝版的书,名为《新数学游戏》(*New Mathematical Pastimes*,1921),其中他设计了许多具有这里所说的一般类特征的谜题。

在我写的30个彩色立方体的专题中(麦克马洪在《新数学游戏》里讨论的一组非凡的立方体),我还研究了麦克马洪的24个彩色正方形的一个二维集合。本章主要介绍麦克马洪的24个彩色三角形的集合。如果一个等边三角形的三条边,均涂有两种颜色中的一种,便会产生一组不同颜色的四个三角形(旋转不计)。三种颜色产生一组11个不同的三角形,而四种颜色产生的24个三角形的集合,如图6.1所示。使用硬纸板切出这些三角形,如图所示把每个三角形分成三个相同的三角形,然后用四种对比色作为四个不同的标记。因为硬纸板三角形不用翻过来(这个集合包括了镜像),硬纸板只有一面需着色。

若已知有 n 种颜色,用这种方式可得到不同等边三角形数的公式:

$$\frac{n^3 + 2n}{3}.$$

当 $n=3$ 时,产生的11个三角形的集合太小,不会拼成任何有趣的形状。当 $n=5$ 时,产生的45个三角形的集合,对于娱乐又稍微大了点。而四种颜色的24个三角形的集合,刚刚好。这些三角形可拼成一个正六边形,也可拼成非常多的不同的对称图形。麦克马洪给出的许多组合问题都与这个集合有关。最简单的谜题,是把这些看作三角形的"多米诺骨牌",颜色相同的邻边组合在一起,拼成对称的多边形。这里,他还增加了第二个限制:整个多边形的边界必须是相同的颜色。(以下,这些限制被称为麦克马洪的两大限制性条件。)由于每种颜色出现在该集合的18条边上(偶数),并且拼接的限制条件要求多边形上出现的颜色是偶数条边,所以在两个限制条件下,可解的任何多边形的边界,必

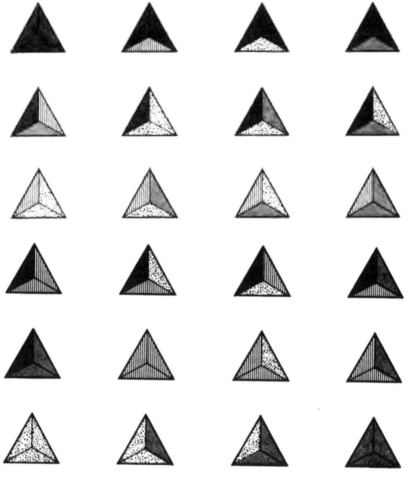

图6.1 24个彩色三角形

须由偶数条边构成。

住在俄亥俄州利马的一位退休工程师菲尔波特（Wade E. Philpott），对麦克马洪的这个彩色三角形集合所做的研究，要比我所知的其他人做的更多。以下内容来自我与菲尔波特的通信，经他许可后公开。

不难证明，在麦克马洪的两大限制性条件下，所有的由24个彩色三角形组成的多边形，一定具有12,14或16个单位边长的周长。正如我们看到的那

样,这个周长一定具有偶数条边。把24个单元三角形拼在一起组成多边形的最小周长是12。周长为18是不可能的,因为在这个集合中,就一种给定的颜色只有18条边,而单色三角形不能将它所有三个边用于拼成多边形。因此,16是可解的多边形的最大周长。

只有一个多边形,即正六边形具有最小周长12。它的单色边界可用六种不同的方法拼成,而每一种方法不同解的个数也是未知数。菲尔波特估计解的总数有数千个。(不包括旋转和映射的解,也不包括简单地交换颜色。)菲尔波特发现,对于每种类型的边界,围绕着六边形中心对称放置三个单色三角形(必定是与边界的颜色不同),就可以拼成这个六边形。由于每个单色三角形一定被相同颜色的三角形部分包围,结果得到三个较小的单色正六边形,对称位于较大六边形内。图6.2显示了制作单色边界六边形的六种不同方法的图解,单色三角形以两种可能方式中的一种,对称放置在六边形的中心。读者可能乐意尝试构建出所有六种模式的六边形。

24个三角形可构成两种平行四边形:2×6和3×4。很容易证明2×6的平行四边形不能满足麦克马洪的两大限制性条件:这个平行四边形有14个三角形贡献了一条边组成平行四边形的周长,但只有13个三角形具有相同的颜色。3×4的平行四边形是可解的,但解的总数还是未知,虽然菲尔波特猜测它小于正六边形解的总数。像六边形一样,平行四边形有六种不同类型的边界。图6.3给出了菲尔波特对每种类型的解决方法,每种类型都有三个单色三角形(必定是与边界的颜色不同)排成一排。

3×4的平行四边形是周长为14个单位边的对称形状的一个例子。菲尔波特发现18个周长为14单位边的多边形,拥有对称性,要么是镜像对称,要么是旋转对称,或者两者都有,在麦克马洪的两个限制性条件下都是可解的。图6.4中是这18个多边形,全都有不止一个解。不难看出,一个周长为14单位边的多

图6.2　一个正六边形的六种边界类型

图6.3　3×4平行四边形各种边界类型的解

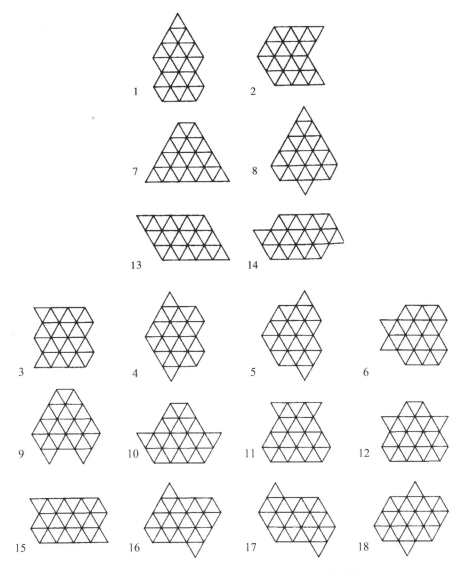

图6.4　周长为14个单位边的18个可解的对称多边形

边形要可解必须至少有一个"点"（一个60度角），因为至少有一个邻边颜色相同的三角形，必须将这两个边都贡献出来组成周长。注意，18个图形中只有一个（第一个）具有一个单点。14或16边长的11个对称多边形中也有一种，只有

95

一种单色周长。多边形5也特别有趣。据菲尔波特介绍,它是唯一有11种单色边界的对称模式(最大的可能),这11种模式的解都是已知的。

菲尔波特发现了42个周长为16个单位边的可解对称形状(见图6.5),总共61个可解的对称多边形。他报告说,所有可求解的16边多边形必须至少有3个点,不会大于4个点。并非所有的三点对称的多边形都是可解的,但所有的4点对称多边形是可解的。

菲尔波特提出的"双倍问题",是要构成两个相同的对称形状,每个有12

图6.5　周长为16条单位边的42个可解的对称多边形

个三角形组成,都满足麦克马洪的两个限制性条件,并必须具有不同的单色边界。图6.6显示了23个已知可求解的形状之一。菲尔波特估计,每个形状的不同解的个数为数百个,而不是数千个。

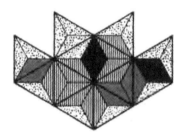

图6.6　双倍复制问题的解

菲尔波特的"三倍问题"是使用24个三角形,来构成三个相同的对称形状,每个由8个三角形组成,且它们的周长是三种不同颜色。他报告说,这个问题已经被证明了,只有10个这样的形状。图6.7给出了这些形状,并且给出了其中的一个解法,菲尔波特估计,每个形状解的个数不到100。

6个三角形会构成12个不同形状,并非全是对称的多边形,被称之为六联三角形。(见《数学游戏之六》的第18章。)菲尔波特发现,除了"蝴蝶"之外,所有的六联三角形都可以四倍复制。

加利福尼亚州圣巴巴拉市的哈里斯(John Harris),提出了用最少或最多的孤立"菱形"来构建六边形的问题。(一个菱形是由两格相同颜色部分相接的三角形瓷砖组成。)很容易说明,至少必须有一个这样的菱形而且不超过9个。解不是唯一的,且两个问题都有解。哈里斯发现,9个菱形在3×4的平行四边形上有解,并有许多个解。平行四边形可以不用菱形来拼成,也有许多种解。

麦克马洪三角形的什么集合,能构成一个满足两个颜色限制条件的等边三角形?在回答这个问题之前,我们必须首先确定在没有限制条件下,什么样的集合会构成等边三角形。令n是一个全集中的颜色数,m^2是瓷砖数,那么这

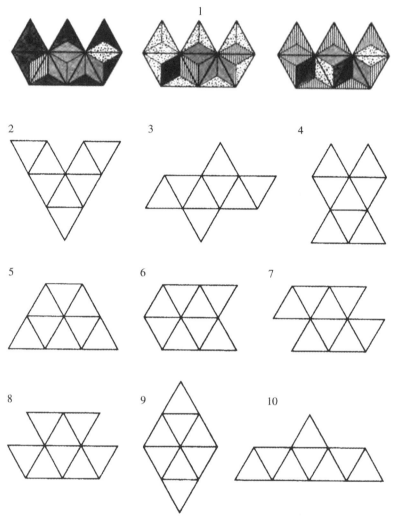

图6.7　可三倍复制的10个对称多边形,以及其中的一个解法

个集合的n值满足以下丢番图方程时,会形成一个等边三角形:

$$\frac{n(n^2+2)}{3}=m^2.$$

该方程有多少个整数解呢?菲尔波特在《娱乐数学杂志》(1971年4月,第4卷,第137页)上提出了这个问题。部分答案出现在该杂志(1972年1月,第5

98

卷,第72—73页)上。问题的解是有限的,其中最小的是n=1,2和24,没有其他n小于5000的解。

一个三角形(n=1)很容易符合两个颜色限制条件;当n=2时,m^2=4块瓷砖,全集无法满足边界限制条件;当n=24时,m^2=4624块瓷砖组成一个边长68个单位的三角形,它们也满足这两个限制条件吗?有可能,但还没有得到证实。

英国曼彻斯特的利特尔伍德(George Littlewood)证明了,在一个完整的麦克马洪集合中,只有当n=4时集合中的三角形才会组成一个正六边形。这是根据如下事实得出的:即只有n=4时,$\frac{n(n^2+2)}{3}=6m^2$才具有整数解。正如我们所看到的,它有可能形成这样的六边形,并满足两个颜色限制条件。如果不包括旋转、映射和颜色交换,有多少这样的六边形?这还未确定,菲尔波特估计,这个数字可能有几千。

五种颜色的三角形的45块瓷砖集合(三角形的边用0,1,2,3或4黑点标记取代颜色),在20世纪60年代末在联邦德国市场以三米诺骨牌为名销售。该套装包括由哈伯(Heinz Haber)编写的小册子,给出用这些骨牌拼出对称形状以及如何进行比赛的说明。当然,这一套装还包括由24个四色三角形组成的小套装。一种类似的套装从香港进口到美国,名叫三维多米诺骨牌。24个四色三角形的单独套装在市场上不时有售,但我能证明最早的这种套装是由伦敦Just Games有限公司发售的磁化口袋套装,我看到过1975年他们做的广告。

1892年麦克马洪因他的一套24个四色三角形获得了3927号英国专利,但我并不知道它是否推向了市场。美国纽约州特洛伊的理查兹(F. H. Richards)于1895年,因一套四种颜色边的三角形获得了331652号专利,不过,理查兹只介绍了如何用它们玩多米诺式的游戏。在美国彩色边界的三角形的游戏已经有售,特别是Contack(帕克兄弟公司,1939)和Al-lo-Co,由克利夫兰公司于1964年出品。

用四种类型的对称形状边中的一个,可以代替彩色边界,这是由麦克马洪提出的将他的彩色三角形变为等价七巧板谜题的一种方法(见图6.8)。

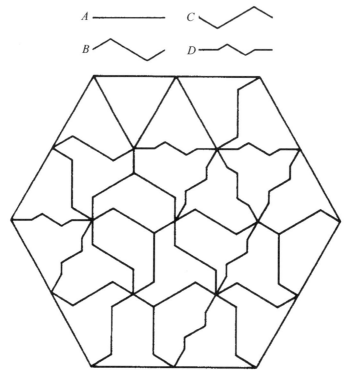

图6.8 使用有着四种不同边的三角形七巧板谜题

麦克马洪的书没有考虑在三角形的角上着色,而代之在三角形的边上着色。对于每个值n,这种三角形的个数与边上色时是一样的。24个四种颜色角上色的三角形的集合能拼成一个六边形吗?仅有一个限制条件是同样颜色的三角形的角拼在一起组成六边形顶角。遗憾的是不能,也不可能形成一个具有对称放置的三角形"洞"的等边三角形,除非在三角形缺一个角或一条边的中心缺失。但是,这个集合可组成一个3×4的平行四边形,以及许多其他对称形状。

1969年,巴黎的奥迪耶(Marc Odier)设计了一套24个角上色的四色三角

形，在法国制造和销售，其游戏名为Trioker。该游戏申请了英国第1219551号专利。它包括一套可以拼出的图案，以及竞赛游戏说明书。叫作小丑的第25块两种颜色的瓷砖，有时既可以用于拼图，又可以用于竞赛。最近，Trioker已经在西班牙销售。1976年，奥迪耶和鲁塞尔（Y. Roussel）撰写了一本关于这套骨牌的娱乐游戏书，共207页，叫做《惊人的三角形》（Surprenants Triangles），在法国由CEDIC出版。在1968年美国市场销售一种叫作"三色拼板"的游戏，使用角着色的四色三角形，由普雷斯曼制作。

在三维空间中，立方体是唯一符合以下要求的正多面体，即将其复制组合在一起，能填满空间。这就是在"瞬间疯狂"类型的许多不同的组合谜题中，经常使用它的原因。若读者能获得27个相同的立方体（字母积木也可以），9个立方体涂一种颜色（在所有面上），9个涂另一种颜色，9个涂第三种颜色，就具有了研究两个不同寻常的三维组合问题的材料。

显然不可能用27个立方体构成一个3×3×3的立方体，使其27条正交线（平行于大立方体的每个边）由相同颜色的三个立方体组成。它们能否拼成一个立方体，其所有三种颜色都出现在27条正交线的每一行上？能。加利福尼亚州的退休数学家特里格（Charles W. Trigg）发现了唯一的解（不计旋转、映射或不同颜色的排列）。读者能重新发现此解吗？

第二个问题更困难，最近由剑桥大学数学家康韦发明。康韦给自己设置了构成3×3×3立方体的任务，三个立方体组成的每一行（立方体的27条正交线，在9个正方形的横截面上有18条对角线，以及它的四条连接对角的空间对角线）既不包含相同颜色的三个立方体，也不包含三种不同颜色的三个立方体。换句话说，三个立方体的49条直行的每行都由一种颜色的立方体和另一种颜色的一个立方体组成。康韦发现两个有区别的但密切相关的解（同样不计旋转、映射或不同颜色的排列）。

　　当然,你能通过绘制三个井字游戏棋盘研究这两个问题,井字游戏棋盘代表大立方体的三层,用9个$A's$,9个$B's$和9个$C's$正确标记27个单元格。使用实际的立方体就会更容易、更有趣,为此值得费心给一套立方体,甚至是一堆方糖块上色。

图6.9显示了用24个彩色三角形组成单色边界的六边形的六种

可能的变化,附加限制条件是三个单色三角形必须围绕着中心对称

图6.9　六边形问题的6个解

放置。现在还不知道这六种类型，每种有多少个解。

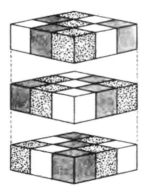

图6.10给出了用27个单元立方体构成的3×3×3立方体的唯一解（不包括旋转、映射或不同颜色的排列）。每9个立方体一种颜色，共三种颜色。因此27条正交线的每行都包含每种颜色的立方体一个。该解法由特里格发表在1966年1月的《数学杂志》上。

图6.10　第一个立方体问题的解

图6.11是康韦的发现，即将一组27个立方体，构成3×3×3立方体的仅有的两种方法，其三个立方体组成的49条直行中的每行（正交线、对角线，包括立方体连接对角的4条空间对角线)既不包含相同颜色三个立方体，也不包含不同颜色的三个立方体。

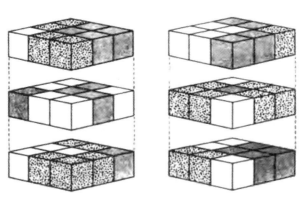

图6.11　第二个立方体问题的两种解

第 7 章

树

组点(顶点)连接线段(边)而形成的图叫做"连通图",图上从任意一点到另一点有路径相连。如果不存在回路,或者说从一个点回到同一个点的路径,这个连通图就称为"树"。当然,自然界中的树本身是一个壮观的三维模型,有些晶体的生长方式也呈类似的树形。河流及其支流在地球表面漫延,好似一幅巨大的树形图。某些易碎的固体破裂后,在显微镜下观察,其裂纹呈现出一幅美丽的树状模式。有时,放电现象很像一棵树。

最简单的树形图是一条线连接两个点。3个点只有一种方法连接起来形成一棵树,但4个点就可以连成两棵拓扑不同的树。5个点可以产生一个"树林",即由3棵树组成的组合,6个点可以连成6棵树(见图7.1)。点的位置和线的形状无关,因为这里只使用拓扑性质作为区别性特征,把图想象成由相同的球与松紧带相连接而成。这些树被称为"自由树",区别于"有根树"或"标记树"。"有根树"中有一个点与其他的点不同,而"标记树"中所有的点都不同。

还有其他类型的树,现在还没有标准的命名和术语。计算某种类型的不同的 n 点树的数量问题往往会陷入复杂的组合论。11棵7个点的自由树就是这样,然后这个序列继续:$23, 47, 106, 235, 551, \cdots$。图7.2中显示有12棵7个点的树,其中有两棵是完全一样的。你能找到这对双胞胎吗?你能画出23棵8个点的树吗?

点	树

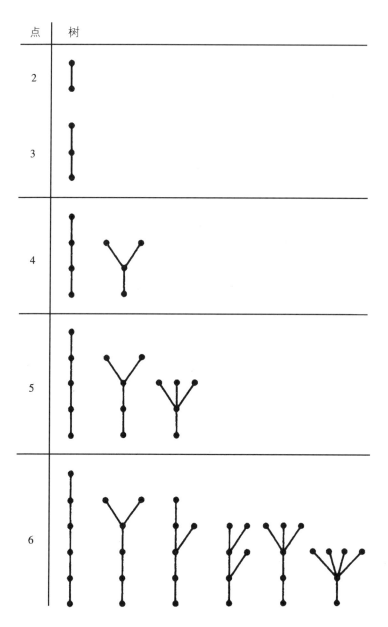

图7.1 2到6个点构成拓扑不同的树

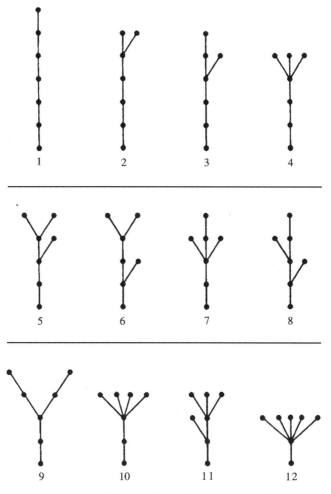

图7.2　12棵7个点的树,其中有两棵是双胞胎

很明显,每棵n个点的树都有$n-1$条边,而由n个点和k棵树组成的树林有$n-k$条边。另一个特别明显的定理可以用鲍姆(L. Frank Baum)的奇妙作品《神奇的君主莫和他的百姓》(*The Magic Monarch of Mo and His People*)中的一个场景作出很好的图解。在高高的树枝上有一个苹果,爬树也够不到,因为有人锯掉了靠近苹果的那部分树干,当柴烧了。这个定理是:从树形图删去任何边

都会使该图的连接断开。即使是终端的一条边，如果它被删除了，也会使其终端点断开。

对于树形图性质的研究直到19世纪后期才开始，但是，显然树形图的使用始于古代。这是显示各种关系的一个简便方法——譬如，家系族谱——或者将一个主题划分为层次类别。一个最普遍的形而上学树形图是中世纪波菲利（Porphyry）对亚里士多德（Aristotle）作出的评论，波菲利是3世纪一位新柏拉图主义者和基督教的反对者。其实，波菲利树就是现在所谓的二元树。按类别分成完全互斥的两部分，基于一个部分拥有而另一个部分没有的性质[见柏拉图的《菲德拉斯篇》（*Phaedrus*）]。物质，最高种属，分为有形的和无形的。有形的分为有生命的和无生命的。有生命的分为有感觉的（动物）和无感觉的（植物）。动物分为理性的（人）和非理性的。理性的进而又分裂为个体的人，这是树的终端。雕刻这一技艺形成后，文艺复兴时期的哲学家便喜欢用奇特的树枝、精巧的装饰构造波菲利树形图。

拉米斯（Petrus Ramus），法国新教逻辑学家，在1572年的圣巴塞洛缪日的大屠杀中遇难。他曾沉迷于这种彻底的划分，并将二元树应用于诸多主题中，因而此后它们被称为拉米斯树。19世纪初，边沁（Jeremy Bentham）也许是最后一个如此认真地对待二元树的重要哲学家，尽管他意识到一个完全的拉米斯树方法在许多领域是笨拙而不实用的（例如，植物学!），就像切开一只苹果一样，一个分类往往可以用成千上万的不同方式分成两半，边沁确信二分法是伟大的分析工具之一。他写过"无比美丽的拉米斯树"，并且将一篇随笔中的一段冠以标题为"如何在艺术和科学领域的任何特定领域，种植一棵广博知识的拉米斯树"。

今天的哲学家（除了那些研究形式逻辑的人）很少使用树形图，但数学家们和科学家们已经找到了树形图在诸多不同领域的应用，如化学结构、电子网

络、概率论、生物进化、运筹学、博弈策略及各种组合问题。其中最引人注目的例子,据我所知是树形图在组合问题中的一个意想不到的应用(本例中是单人纸牌游戏),有关树形图理论的探讨在克努特所著的《基本算法》(*Fundamental Algorithms*)一书中有所阐述,并给出了上述例子。

单人纸牌游戏以"时钟纸牌"最为有名,尽管它还有许多名称,譬如:旅行者、藏牌、四张同类的牌。把一副牌分成13堆,正面朝下,每堆有4张牌,其排列如图7.3左侧所示,对应时钟表盘的数字。

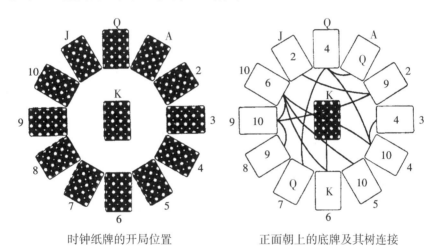

时钟纸牌的开局位置　　　　　　正面朝上的底牌及其树连接

图7.3

第13堆牌(K)被放在中心,将K堆顶牌翻过来,然后根据其点数,把它面朝上塞到相应的牌堆下面。例如:若这张牌为4,则把它塞到4点钟堆牌的底下;若这张牌为J(11点),则把它塞到11点钟的牌堆的底下,以此类推。现在,翻开你刚才塞过牌的那堆牌的顶牌,按照刚才的做法处理这张牌。用这个方式继续游戏。若翻过来的牌正好对应它所在的牌堆,则将其面朝上塞到那堆牌的底下,然后翻开下一张顶牌。如果你把52张牌都面朝上翻过来了,那么你就赢了。如果在此之前,你已经翻完了4张K牌,那么游戏被锁住,你失败了。

玩时钟纸牌纯粹是机械的,不需要技巧。克努特在他的书中证明,取胜的机会恰好是1/13,从长远来看,每场比赛平均翻开的纸牌数是42.4。这是在受欢迎的介绍单人纸牌游戏的书中给出的,唯一获胜概率已被精确地计算出的纸牌游戏。

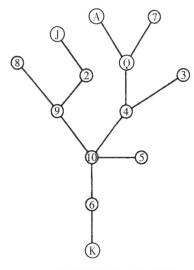

图7.4 纸牌连接得像一棵树形图

克努特还发现一个仅仅通过检查每堆的底牌,就能提前知道此局比赛输赢的简单方法。另画一个钟面图,但这一次明示每堆牌底牌的点数——除了中心的那堆牌K,其底牌保持未知。现在从12张底牌的每一张画一条线到它的点数对应的牌堆(见图7.3,右)。(如果牌的点数对应自己的牌堆就不用画线。)重新画出的结果图揭示了其树形结构(见图7.4)。当且仅当这个图是包括了所有13堆牌的树形图时,比赛才会赢,剩下40张未知牌的排列都无关紧要。

图示的游戏,正如树形图提示的,能赢。请读者为另一个起始位置画一个类似的图(见图7.5),来确定会成功还是失败,然后再通过实际玩一玩来检验结果。在克努特的书中可以找到树形检验法总是有效的证明。该书除了成为计算机科学的里程碑般的入门卷外,还充满了消遣数学家们会非常感兴趣的新鲜素材。

包含集合内所有点的树被称为这些点的"生成树"。最早的一个关于树的理论是由19世纪剑桥数学家凯莱(Arthur Cayley)发现的,n个标记点的不同生成树的数量是$n^{(n-2)}$。(凯莱是树理论的创始人之一,1875年,作为计算不同的碳氢化合物的同分异构体数量的方法,他发展了树理论。)假设有A,B,C,D四个

城镇,如果我们用生成树把它们连接起来的话,会有多少种不同的连接方法呢?凯莱的公式给出 4^2,即16种方法(见图7.6)。有拓扑重复存在,但是由于"顶点"(城镇)不同,我们将每个都记为不同。当出现交叉时,一条线如图所示从另一条线下方穿过,弄清楚表明这个交叉不是另一个顶点,否则这棵树就会是一棵五点树。

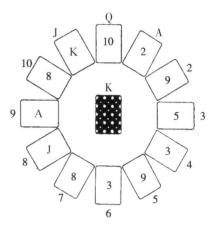

图7.5　树形图底牌

假设 n 个城镇之间由一个铁路网连接,这个网由连接两两城镇的多条直线段轨道组成。轨道可以交叉,但是如果交叉的话,交叉处不得被视为新的顶点,也就是说,交叉处不是旅客从一个轨道转向另一个轨道的换乘点。通过什么方法,你可以找到总长度最小的生成图呢?

显而易见,最小的图是一棵树,否则它会包含环线。在此情况下,通过除去一条边可以缩短图的长度,断开环线,但所有城镇依然保持连接状态。因为任何环线都可以被去掉,缩短图形,所以最小的图将是一棵树。

有几个简单的算法(方法)可以找出最短长度的生成树。标准方法[最早由克鲁斯卡(Joseph B. Kruskal)给出,《论最短生成子树图及旅行商问题》,《美国数学学会论文集》(*American Mathematical Society*),第7卷,1956年2月,48-50页]如下:确定每对城镇之间的距离,然后用长度的递增序列标记这些距离。最短的标记为1,接下来次短的是2,以此类推。如果遇到两个相等距离,那么,先标记两个中的哪一个都行。在距离为1的两个城镇之间画一条直线,接下来,在距离为2,3,4的城镇之间画类似的直线。永远不要再画一条边而成一条环线。如果你连了一条线,产生了一个环线,那就忽略这一对城镇,继续到下一个

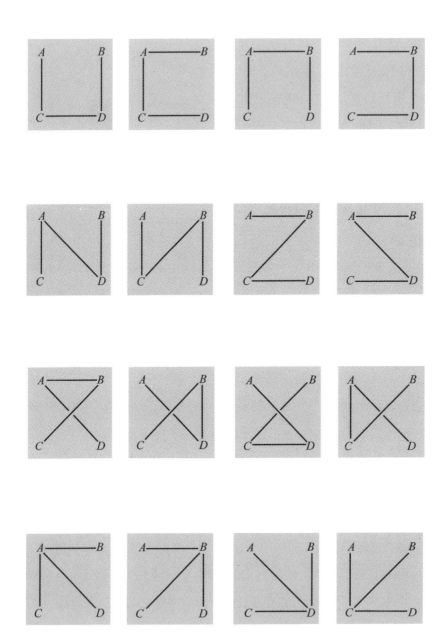

图7.6　四个点生成的16棵标记树

更远距离城镇之间画线。最终的结果是一棵最小长度的生成树。可能有其他相同长度的生成树,但"克鲁斯卡算法"一定可以构成其中的一棵。

最小生成树有许多有趣的性质,而且这些性质不难证明。例如,边只相交于顶点,并且每一个顶点交汇的边不超过5条。

"经济树问题",有时人们这样称呼,不应该与"旅行商问题"相混淆——一个著名的尚未解决的图论问题。那个问题中是要寻找一条最短的回路,使旅行商可以拜访所有的城镇一次,且仅一次,最后回到他出发的城镇。如果城镇的数量很大,有很好的计算机算法可以找到最短回路的近似值。但是,除了对所有可能的路线进行冗长乏味的测试外,没有绝对准确的一般程序。

如果允许一个人通过含有新顶点的树来连接城镇,那么最小的树被称为斯坦纳树。譬如说,连接在一个正方形角上的四个城镇的最短的铁路是什么?假设这个正方形的边是1千米,记住,在这种情况下,最小生成树可能包含一个或多个额外的顶点,它不一定是4个点的树。如果读者成功地找到了这棵树,就可以尝试解决难度更大的问题:确定连接一个正五边形五个角的具有最小长度的斯坦纳树。

答　案

在7个点的自由树形图中,两个"双胞胎"是第5和第8棵树。时钟纸牌第二个起始位置是失败的。它的图不是一棵树,它不仅是断开的,而且一部分包含着一根环线。

图7.7显示了如何绘制最小的斯坦纳树,连接一个正方形的四个角和一个正五边形的五个角。带点的角是120度。人们或许认为一个正方形的两条对角线会提供一个"经济树"(长度为 $2\sqrt{2}=2.828\cdots$),连接一个单位正方形的四个角,但所示的网络的长度为 $1+\sqrt{3}=2.732\cdots$ 。斯坦因豪斯(Hugo Steinhaus)在其《初等数学100题》(*Elementary Mathematics*,基础读物出版社,1964)中的第73题不用微积分证明了这是最小长度。一个单位五边形最短的路径是3.891⋯。

一个等边三角形内的最小斯坦纳树有第四个点在三角形的中心。六条或更多边的正多边形的最小斯坦纳树就是其周长去掉一条

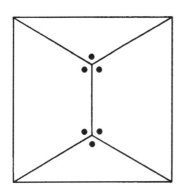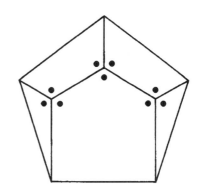

图7.7　连接正方形和五边形顶角的经济树

边。对于连接平面上的 n 个点找到最小斯坦纳网的一般问题，以及通过利用肥皂溶液膜的表面张力，来找到这种网络的技术——见《什么是数学?》(*What is Mathematics*，牛津出版社，1941)第 7 章，由库兰特(Richard Courant)和罗宾斯(Herbert E.Robbins)撰写。

骰　子

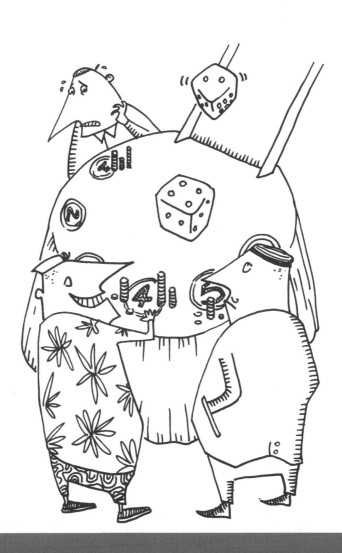

我们已尽了最大的努力，然后就靠掷骰子碰运气了。

——卡特(Jimmy Carter)

摘自 1976 年 6 月 10 日《纽约时报》刊登的卡特决定参加总统竞选时的讲话。

各种简单的随机数生成器,将机会元素引进到了成千上万的室内游戏中。这其中最受欢迎的游戏工具,自古埃及时起就一直是立方体骰子。为什么是立方体呢?因为立方体是对称的,五种正多面体都可以也曾经被用作游戏中的骰子,但立方体与其他四种多面体相比则具备明显优势。它最易于制作;立方体的六个面容纳的一系列数字既不会太大也不会太小;投掷立方体足够容易却又不会过于容易。

在过去的几个世纪,四面体骰子的使用率最低,因为它几乎无法滚动,随机显示数也不超过4个。立方体之后八面体骰子是在游戏中最常用的随机数生成器。在古埃及的坟墓中曾经发现过八面体骰子的标本,而且至今某些游戏中仍在使用这种骰子。十二面体和二十面体的骰子则主要用于占卜。在16世纪的法国,十二面体骰子是占卜中很常用的道具,这些占卜用的大球里藏有各种问题的答案,它们上浮在液体表面,在顶部的窗口中显现,如果你打破其中一个占卜球,你会发现答案是被印在一个漂浮的二十面体的每个面上。

几年前,日本标准协会发现了一个二十面体骰子的实际用途。二十面体有20个面,是10的两倍,每一对面上都可以标记从0到9这十个数字,用来生成一个随机的十进制数,可应用于蒙特卡罗法和博弈论,等等。这种骰子每三枚一套出售,且每个骰子的颜色都不相同(红、蓝、黄),这样每掷一次就会随机产生一组三个十进制数组合。这种骰子的照片可参见杨松（Birger Jansson）于1966年在瑞典出版的珍贵的英文专著《随机数生成器》（*Random Number Generators*）一书的封面。

在埃及古墓中发现的公元前2000年的骰子，是最早的立方体骰子。这些骰子虽然与现代骰子有很多地方是相同的（现代骰子每个面上标记1到6，且两个相对面上的数字之和皆为7），但它们在大小、材质和数字排列方式上均不一致。如果对排列方式不作限制的话，在一个立方体每个面上标记数字1至6的方法有30种，镜像形式记为不同（2，3，6三个点数的两个不同定向不算不同，这三个点数的传统模式缺乏四重对称性）。如果像现代骰子这样要求所有相对面的点数总和皆为7的话，排列这些数字的方法就只有两种，且彼此互为镜像。

所有的西方骰子如今都是按照相同的偏手性制作的。如果你手持一个骰子看到1-2-3面，这些数是按照逆时针的顺序排列的。日本目前出售的骰子左旋、右旋两种偏手性的都有（见图8.1）。与西方样式相一致的骰子在日本所有的游戏中都适用，但麻将例外。麻将用的骰子按卡罗尔笔下的爱丽丝的话说，是"反向的"。市场上销售的骰子无论是哪种偏手性都有二种形式：一种是西式的，上面所有点都是黑色的；一种是传统日本式的，上面的幺点（一点）是一个深深凹陷的大红点。中国和韩国的骰子上也都有大红点，此外4点也是红色

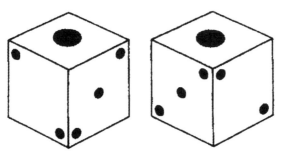

图8.1 西式的日本骰子（左），麻将用骰子（右）

的。红色的点数在中国和韩国的游戏中只有在决定投掷优先权时才有用。掷出的红色点数最大的人第一个掷骰子。骰子使用红色的起源无从知晓。丘林(Stewart Culin)在他发表的私人印刷品《中国的骰子游戏》[*Chinese Games with Dice*,见《费城》(*Philadelphia*)1889年版]中讲述一些古老的中国神话来解释红色,但他自己更相信它起源于古印度的骰子。

职业的骰子赌徒往往非常熟悉现代骰子的偏手性——即构成骰子一个角的三个面上点数的排列规律——如果你给他看一枚骰子而你用拇指和其他一个手指遮住了骰子的任意两个相对面,他会立即告诉你拇指和另一个手指下的点数。这种本事在发现常见的在同行中称为"顶"(tops)的作弊骰子上非常有用。"顶"是指只有3个点数的误标的立方体骰子,每两个相对面上都是相同的点数。因为一个立方体一次只能看到三个面,因此把一对"顶"停顿在一个表面上对所有玩家来说看上去再正常不过了。然而,想做一个这样的骰子保证其每三个面都是"正的"排序是不可能的。如果读者用铅笔将标准骰子的任意一个角上3个点数标记在一块方糖上,在相对的面上写上相同的点数,再仔细观察这块方糖的8个角,会发现与现代骰子相比,方糖上有4个角上取三个面的点数都是"错误的"排序。也就是说,这样的骰子掷落时三个能被看见的面显示出错误偏手性的概率恰好是1/2,一旦发生这种情况,经验老到的赌徒会马上意识到骰子是错误点排序的。

"顶"由多种多样的组合组成,所以一个老千——精于在游戏的一来一往偷偷地替换顶的高手——无论当下需要什么顶都可以在游戏中使出[双骰子赌博的基本规则:如果玩家在第一次掷时掷出"natural"(7或11点),立即获胜;如掷出"crap"(2,3,或12点),则输。而其他任何点数成为他的"点",他继续投掷,直到要么掷出自己的点获胜;要么在掷出自己的点之前掷出7点而落败。这些环节都伴有玩家的各式赌注,下什么样的赌注取决于游戏的正式程度或是否在赌场进行]。比如,玩家试图掷出4,6,8或10点,则1-3-5和2-4-6组合的一对顶永远凑不出这些点数,那么玩家肯定会在掷出他的点之前"7出局"。这样的顶叫"misses";而能掷到点数,且掷不出7点的顶,(如1-3-5和1-3-5组合)则叫"hits"。

在赌局中不能长时间使用顶,因为被发现的风险太大,而且出老千的人动作一定要迅速、连贯、隐蔽。"好的老千死得早,紧绷的神经让人难熬,"赌博行家斯卡尔内(John Scarne)在《斯卡尔内的赌博全指南》(*Scarne's Complete Guide to Gambling*,1961年版)一书中这样说。

"单向作弊骰子"是指所有面上只有一个相同点数(通常为2或5)的骰子,这样的骰子可以成对使用或与一枚标准骰子组合使用,来减小作弊概率,不过这种骰子很难被发现,有时可以连续使用几个小时。"入门作弊骰子"至今仍被收录在赌博作弊器材供应商的目录中,但这种产品却被严格限制,只卖给菜鸟玩家,专业的老手不会考虑使用它们。有一对骰子经常会让人出局,因为其中一枚骰子上只有1点和2点,另一枚只有1点;另一对骰子,一枚上面只有6点和2点,另一枚全是5点,所以总是会掷出7点或11点。正像斯卡尔内说的那样,这种骰子只能用在"菜鸟"(极端轻信、容易上当的人)身上,"因为在夜晚玩骰子时,仅有头顶上的一点灯光使笨蛋们除了骰子顶面以外什么也看不到。仅适用于欺骗毫不熟悉真正骰子的人"。

错误标点仅仅是很多种对骰子做手脚来欺诈的方法之一。骰子可以巧妙地设计成偏向停在某一面上:有的骰子被做得像砖块一样;某些面会有些轻微的凸起,从而令骰子更偏向停在相对平的面上;有些面上有轻微的凹陷,使其容易被吸附在光滑坚硬的表面;骰子的边缘会被故意切割成斜边以改变每个面落地的概率。所谓的"封顶骰子"是指某些面被制作得更有弹性的骰子;"平滑骰子"是指某些面被制作得更加光滑的骰子;"磁性骰子"则是指骰子内部置

有磁铁但可照常投掷,而一旦藏在桌下的电磁铁通电后,这种骰子即可作弊。检查骰子是否普通的最好办法是将其反复掷入水中,观察特定的面是否出现得过多,超过应该出现的次数。感兴趣的读者可以在斯卡尔内和罗森(Clayton Rawson)所著的关于骰子欺诈一书《斯卡尔内说骰子》(*Scarne on Dice*,1968年,第9版)中找到所有这些方法的介绍,甚至更多的有趣细节介绍。

掷骰子游戏在古希腊和古罗马时期非常盛行,特别是在上流社会。中世纪时期,骰子也是骑士和牧师们最喜欢用来消磨时间的游戏,甚至一度出现过骰子学校和骰子工会。美国当下最流行的骰子游戏是双骰子赌博,这显然源于19世纪90年代初,由新奥尔良地区的黑人将英国复杂的双骰子游戏规则简化后得来(直到现在人们还开玩笑地把骰子叫做"非洲多米诺")。后来双骰子赌博就像爵士乐一样沿着密西西比河流域向上传播,并在整个大陆流传开来。大型赌场直到在19世纪末才将这种游戏正式纳入其中,如今双骰子赌博比其他任何赌场游戏都发展得更加迅猛。许多玩家相信,投掷者在这项游戏中的胜率是50-50,然而并不难证明胜率对玩家稍有不利。准确地说,其胜率恰好是244/495,或者说0.493…。

人们很容易算错掷骰子的概率。在拉伯雷(Rabelais)[①]的《巨人传》[*Gargantua and Pantagruel*,现代图书馆,1944年,克莱尔(Jacques Le Clercq)翻译的版本]的第五部第十章中,探险者们来到骗人岛——由耀眼的白骨组成的两个立方体巨石。庞大固埃(Pantagruel)说,"我们的航海家告诉我们,立方体形状的白色岩石引发了许多海难,造成的人命和财物损失比海怪斯库拉和卡律布狄斯还要多"。骰子常被称为"魔鬼之骨",拉伯雷在小说中把骗人岛设计成为20个魔鬼随机的住处,每个魔鬼分别是两枚骰子的一种组合,最大的魔鬼

---

① 拉伯雷(Rabelais,1495—1553),法国也是欧洲文艺复兴时期最著名的人文主义作家。他一生只写过一部长篇小说《巨人传》,但就是这一部作品使他成为16世纪法国最重要的作家。——译者注

是2个6点,最小的魔鬼是2个1点。事实上,这样的组合一共有21种,这个正确数字出现在其他版本的译文中。图8.2显示了两枚骰子有6×6即36种不同的顶面,仔细观察你会发现21种不同的组合。有了这张基础的表格我们可以很快计算掷出从2到12点数和的概率。请注意,7点由6种方式组成,比其他任何

和	组合方式					
2	1					
3	2					
4	3					
5	4					
6	5					
7	6					
8	5					
9	4					
10	3					
11	2					
12	1					

图8.2 两枚骰子(灰色和白色)可能掷出的36个面

组合都要多,因此掷出7的概率是6/36,即1/6。7是最容易被掷出的点数和。

萨罗扬(William Saroyan)在一部描写双骰子赌博的精彩短篇小说《迷失于堪萨斯城的两日》(*Two Days Wasted in Kansas City*)中提到了4,也就是他想掷出的点数,是"世界上最难掷出的点"。表格可以证明他是正确的。2点和12点是最难掷出的两个点数和,因为每个都只有1种组合方式(概率是1/36),但2和12都不是游戏中的点数。其次,就是3点和11点最难,各自的概率分别为2/36即1/18。但是3是"出局",而11是"natural",所以这两个点也不是玩家的点。于是,最难掷出的点就是"小乔伊"(4点)和"大迪克"(10点)了,因为这两个点各有三种组合方式,掷出的概率各为3/36即1/12。

有些最伟大的数学家在计算骰子概率时误入了歧途。莱布尼茨认为掷出11和12的概率相同,因为这两个点数和的组合都只有一种。但是他忽略了掷出12点的方式只有一种,而11点却可以由任意一枚骰子掷出6点和另一枚掷出5点组成,也就是说,掷出11点的概率是12点的2倍。古希腊和古罗马人更喜欢用三枚骰子玩,柏拉图(Plato)在《律法》(*Laws*,12卷)中指出,3点和18点是用三枚骰子最难掷出的点数,这两个点都只有一种组合方法(1-1-1和6-6-6)。因为有6×6×6或者说216种等可能的掷三枚骰子的方式,掷出3点的概率就是1/216,掷出18点的概率也一样。希腊人和罗马人都知道,3和18是最难掷出的点数。希腊人把6-6-6点叫做"阿弗洛狄忒"[①],把1-1-1点叫做"狗",与我们用来形容1-1的俚语"蛇眼"和形容6-6的"大型轰炸机"有异曲同工之妙。在希腊语和拉丁语文学作品中引用了许多类似的骰子术语。古罗马皇帝克劳狄(Claudius)甚至写过一本书《如何在骰子游戏中获胜》(*How to Win at Dice*),可惜这本书并没有保存下来。

傻瓜赌注是职业玩家偏爱告诉菜鸟们的下注方式,因为这些下注方式表

---

① 阿弗洛狄忒(Aphrodite),希腊神话奥林匹斯主神之一,爱与美神。——译者注

面上有利于菜鸟玩家,实则不然。例如,在双骰子游戏中,人们可以猜想,如果要掷出的点数是4,且要"两骰同点"(即掷出两个相同点数的骰子,在此例中为2-2点)的难易程度与"两骰同点"掷出6点是一样的。用"两骰同点"的方式掷出任意点数和的概率确实都是1/36没错,但是用"两骰同点"得到一个点数的概率却完全不同了。得出4点的方式有三种,只有一种(2-2)是两骰同点。掷骰者如果掷出3-1、1-3或是掷出4点之前掷出了7点,那么他就输了。因为他有六种不同方法掷出7点,则他输赢的比例为8比1,所以用双骰同点的方式掷出4的概率为8比1,换句话说,他赢的概率是1/9。再看看双骰同点掷出6点的情况,掷出6点的方式共有五种,只有一种是双骰同点,掷骰者掷出任意的另外四种中的一种或掷出构成7点六种方式中的任意一种,他都输了,所以输赢的比例是10比1,获胜概率则下降到1/11。

一个最古老而隐蔽的傻瓜赌注是这样的:骗子先下同额赌注,菜鸟玩家会在掷出7点之前先掷出一个8点,而菜鸟玩家知道7点比8点更容易掷出,就会迅速接受,因为他更可能赢得赌注。然后骗子把8点换成6点,下同额赌注,菜鸟玩家会在掷出7点前先掷出一个6点。骗子同样可能会输,因为6与8一样,只有五种组合方式,而7点有六种组合。现在开始上演大骗局了,骗子假装对骰子的概率一无所知,决定用更大的筹码再下同额赌注,菜鸟玩家会在掷出两个7点之前掷出8点和6点。这看上去和傻瓜前面的赌注一样有得赚,殊不知当下的概率却向着有利骗子的一方大大地倾斜了。如果他把2个点数的顺序加以指定,即先掷出6点或先掷出8点,概率则如同之前的赌局一样是对骗子不利的。但因为掷骰者任意先掷出哪一个和都可以,结果变成了骗子赢的概率为4225/7744,甚至比1/2还多了一点。

下面介绍三种简单的骰子谜题:

1. 一个魔术师转过身背对观众,请一位观众掷出三枚标准骰子并将其顶

面的点数相加。这位观众接着任选一枚骰子并把底面的点数加进刚才的总和中，然后再把这枚骰子掷一次，将其顶面点数加到与刚才的总和上。魔术师现在转过身并首次看到三枚骰子，尽管他并不知晓哪枚骰子被单独挑出并多掷了一次，但他仍然能够准确地说出最后的总和是多少。请问他是怎样做到的？

2. 一枚点数错排的骰子的三个不同角度如图8.3所示，请问与6点相对的面上的点数是几？[该问题摘自福里兰德（Aaron J. Friedland）的著作《数学与逻辑谜题集》（*Puzzles in Mathe and Logic*，多佛，1970年）。]

图8.3　　在这枚错点的骰子上，与6点相对的面上的点数是多少

3. 如何对两个立方体的每个面标以从1到6的一个数字或留白，从而使当你掷这两枚骰子时，得到从1到12的点数和的概率相等？

骰子作随机数生成器的用途使其在文学作品中成为一个非常常见的机会的象征。比如我们熟知的短语"骰子已被掷出"[即"木已成舟"，据说是恺撒（Julius Caesar）决定横渡卢比孔河时所说]；古希腊也有一句谚语"神的骰子都是作弊的"。量子力学的核心理论就是事件在量子层面上具有完全随机性，爱因斯坦的名言"上帝不会掷骰子"，量子力学也暗示了上帝在用宇宙掷骰子。关于这一点不时有人提出反对，认为即使在量子层面上这种看法是正确的，在宏观的人类历史发展层面上起主导作用的仍是精确的决定论规律。对此，一个简单的思想实验①给出了一个效果极佳的反例。假设一颗人造卫星携载着一枚氢

---

① 思想实验：使用想象力去进行的实验，所做的都是在现实中无法做到（或现实未做到）的实验。伽利略的实验大多数都是思想实验，历史已经证明，他并没有从比萨斜塔上同时扔下2个铁球来证明亚里士多德的错误。——译者注

弹,而这枚氢弹的引爆又是由记录放射性衰变中一个电子发射的盖革计数器①所触发。如果这样的引爆时刻如量子理论所要求的那样是完全随机的,那么地球的哪个部分被毁灭也完全由随机决定。如果这样的话,我们在实际中便可以从量子微观世界的完全随机性瞬间跳跃到宏观世界的历史大变革里。这也是最令哲学决定论者头疼的一种观点。

上帝掷骰子影响人类历史的观点在库弗(Robert Coover)的小说《宇宙棒球协会,有限公司,杰·亨利·沃,支持者》(*The Universal Baseball Association, Inc., J. Henry Waugh, Prop.*)中可以找到非常有趣的文学性描述。杰·亨利·沃的名字暗示着他是耶和华的角色,一个孤独的会计,住在一家熟食店上面,为了消遣,他发明了一种游戏,通过掷三枚骰子玩想象的棒球游戏,把56个不同点数组合及这些组合的各种序列各自赋予某些事件(起先他根据三枚骰子一共可以掷出的216个模式来设计游戏,使用三种不同颜色的骰子,但每次掷骰子后给颜色组合分类让他头晕眼花,他就把骰子都换成了白色,只计算它们的点数组合)。几个月后,沃开始想象由真正的人物来为他的球队打球,例如著名的小说人物——堂·吉诃德,达达尼安②,还有福尔摩斯——他头脑中想象出的人物有了自己的生命,鲜活得仿佛比沃自己更真实且长久,他们甚至怀疑沃的存在。

人们还可以联想到皮兰德娄(Pirandello)的戏剧《六个寻找剧作者的角色》(*Six Characters in Search of an Author*)和乌纳穆诺(Unamuno)的早期小说《迷雾》[*Niebla (Mist)*],小说中的主人公拜访了作者,反对他在故事结尾把自己的结局设计成死亡,这个主人公还提醒乌纳穆诺,要意识到他本人在某些看不见的、掷着魔鬼骨头的大玩家心里,也不过是一个迷雾般转瞬即逝的梦罢了。

---

① 盖革计数器(Geiger counter):一种专门探测电子发射强度的记数仪器。——译者注
② 达达尼安,《三个火枪手》的主人公之一。——译者注

魔术师只是简单地把三枚骰子顶面的点数之和与7相加就得出答案。这个总数就是三枚骰子顶面点数之和与之前被挑出的骰子的顶面与底面点数之和相加。因为一枚骰子的两个相对面的点数之和都是7,所以这种办法显然管用。

这个小把戏是法国数学家巴谢(Claude Gaspar Bachet)在1612年的一本有关趣味数学题的书中提到的一个戏法的简化版。在巴谢的版本中:有一个人投掷完三枚骰子并将顶面点数相加后,选出任意两枚骰子的底面点数相加,再次投掷这两枚骰子,并把它们的顶面点数与之前的总和相加。从这两枚骰子中再选出一枚,把其底面点数加入总和后再投掷,再加上顶面点数。在这种情况下,最后的总和则为顶面点数之和再加上21。

第二个问题的答案是:显示了三个角度的这枚错点骰子6点相对的面上是2点,图8.4所示为这枚骰子的平面展开图。

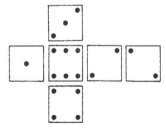

图8.4　骰子问题的答案

第三个问题选自伯纳德(D. St. P. Barnard)的《100道脑筋急转弯》(*100 Brain-twisters*),1966年在英国出版并由D. Van Nostrand公司发行。

鉴于两枚骰子一共有36种顶面朝上的模式,如果要使从1到12的点数和出现的概率完全相等,那么每个点数和必须有三种不同的

组合方式。用三种不同的方式得出12点的唯一办法就是在一枚骰子上做一个6点,另一枚骰子上做三个6点。用三种不同的方式得出1点的唯一办法则是一枚骰子上做一个1点,另一个骰子上要有三个空白面。这就得出了唯一一种解:一枚标准骰子,另一枚要有三个6点的面和三个空白面。

　　这种办法同样适用于五种正多面体。以一对正二十面体骰子为例,如果一个二十面体上的点数是1到20点,另一个则有十个空白面和十个20点的面,这样,这对二十面体骰子掷出的和为1至40点的概率将完全相等。

第 9 章

一　切

存在论问题的不寻常之处就是它的简单性。可以用盎格鲁-撒克逊语中的三个单音节词来提问:"What is there?(何物存在?)"我们可以用一个词来回答——"Everything(一切)"。

——选自奎因(Willard Van Orman Quine)的
《论何物存在》(*On What There Is*)

我的《博弈论、手指算术及默比乌斯带》一书的第一章的标题是"无之论"。关于"无"或者"有"，我没有什么可补充的了，当我在写"无"的时候，关于"有"的信息也已和盘托出。然而，"一切"完全是另一回事。

让我们首先关注这样一个有趣的事实：有些东西，即我们人类自己，是由如此错综复杂的波和粒子形成的存在形态，能够对一切事物感到好奇。"人的本性是什么？"帕斯卡（Pascal）问道。"与无限相比，是无；与无相比，是一切；所以，是介于一切和无之间的平衡。"

在逻辑学和集合论中，"东西"可以用直观易懂的维恩图来表示。如图9.1所示，圆a中的所有点代表人类，圆b中的所有点代表长羽毛的动物。交叠的部

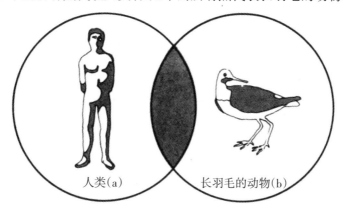

图9.1 用维恩图表示"没有长羽毛的人类"

分,也就是交集,被涂成黑色来表示其中没有成员。这不是别的,而正是我们的老朋友"空集"。

到目前为止,事情一目了然。然而,两个圆之外平面上的点又代表了什么呢?毋庸置疑,它们代表了既不是a,也不是b,即既不是人类也不是长羽毛的动物。但是,这个集合范围到底有多广?为了澄清这个疑惑,德·摩根(Augustus De Morgan)发明了"论域"这一术语,它指我们关注的所有变量的取值范围。有时,它被清晰地界定;有时,被心照不宣地默认;还有时模糊不清。在集合论中,"论域"通过定义"通用集"或简称"全集"变得精准。这是一个和论域范围一致的集合。并且这个范围可以是我们想要指定的任何范围。

关于维恩图圆a和圆b,也许我们关注的只有地球上的生物。如果确实如此,那么这就是我们的全集。然而,假设我们再增加一个集合来扩展这个域,这第三个集合是所有的打字机,并将圆b变成所有带羽毛的对象集合。如图9.2所示,3个交集都是空的。同样是空集,但空集的范围被扩大了。虽然都是一个"无",但是地上的洞与一块奶酪上的洞是不一样的。集合k的补集是指通用集中没有被包含在集合k中的所有元素的集合。由此可见,全集和空集互为补集。

在我们的推理能力范围内,全集究竟能被扩展到多大?这取决于我们关注的事。如果将图9.1所示的全集扩展到包括所有的概念,那么交集就不再是空集,因为可以不难想象一个长着羽毛的人。只有当论域被限定在欧几里得平面上的点或三维空间里的点时,欧几里得的证明才是有效的。如果我们论证12个鸡蛋只能在1个、2个、3个、4个、6个或12个人之间平分,我们就是在推理一个范围是整数的全集。维恩(John Venn,维恩图的发明者)把论域比作我们的视野,也就是我们目所能及的范围,而忽视脑后的一切事物。

然而,我们可以将论域扩展到惊人的大。我们当然可以涵盖一些抽象事物,如整数2,圆周率π,复数,完美几何图形,甚至是我们无法形成思维想象的

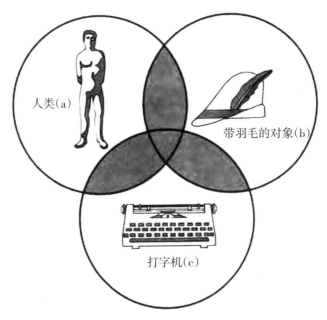

图9.2　　维恩图表示的3个集合

事物,如超立方体和非欧几里得空间。我们也可以包括一般共性,如红色和奶牛;还可以包括过去或是将来的事物,真实的或想象的事物,并且依然能有效地推理出它们。每只恐龙都有自己的母亲;如果芝加哥下星期下雨,旧水塔会被淋湿;如果福尔摩斯确实是在莱辛巴赫瀑布的悬崖上坠落了,那么他一定被杀害了。

如果我们将全集扩展到包括一切可以被定义的、不存在逻辑矛盾的实体。我们关于全集的每一个陈述,如果不是自相矛盾的,那么(在一定意义上)就是真的。自相矛盾的事物和陈述是不允许"存在"或被认为是"真实"的,原因很简单,因为自相矛盾会导致无意义。像莱布尼茨这样的哲学家谈及"所有可能的世界"的时候,他指的是能够被谈及的世界。你可以谈及一个人类和打字机都长有羽毛的世界,但你不能说一个方三角形或能被2整除的奇整数是可以被理解的。

我们能否把论域扩展到终极，称它为所有可能集合的集合？当然不可能，这一步不可能不存在矛盾。康托尔（Georg Cantor）论证了任何一个集合的基数（集合中元素数）总是小于该集合所有子集集合的基数。这明显适用于任何有限集合（如果该集合有 n 个元素，那么它一定有 2^n 个子集），但是康托尔也证明了这同样适用于无限集合。然而，当我们试图把这一原理应用于一切时，我们深陷困境。包含所有集合的集合必定以最大的阿列夫数（无穷数）作为它的基数，否则，它将不会是一切。另一方面，它不可能包含最大的阿列夫数，因为它的子集的基数更大。

当罗素（Bertrand Russell）第一次偶然看见康托尔的证明：没有最大的阿列夫数，因此没有所有集合的集合时，他根本不相信。他在1901年写到，康托尔一直以来都"陷入一个非常微妙的推理谬误中，我希望在未来的某部著作里给出解释。"他还写道，"显而易见"，必定存在一个最大的阿列夫数，因为"如果一切都被包含在内了，就没剩下什么可以添加了。"当16年后，该论文于《神秘主义和逻辑》（*Mysticism and Logic*）上再版时，罗素加了一个脚注为自己的错误致歉。（在论述一切时，"显而易见"一词的使用显然是危险的。）正是罗素对自己错误的反思让他发现了著名的悖论，关于一切不属于其自身的元素的集合组成集合。

总而言之，当这位数学家试图完成由许多到一切的最后飞跃时，他发现根本无法实现。"一切"是自相矛盾的，因此根本不存在。

尽管所有集合的集合无法用标准的集合论（策梅洛–弗兰克尔集合论）来定义，但这一事实没有阻止哲学家和神学家们谈论一切，尽管他们关于一切的同义词因人而异：存在、实体、是什么、存在性、绝对、上帝、现实、道、婆罗门和法身，等等。毋庸置疑，一定要包括过去、现在和将来的一切，包括可以被想象的一切，甚至是完全超越人类理解的一切。无也是一切的一部分。当全集被扩

展到这样的广域,很难想象任何有意义的事物(非自相矛盾的)在某种意义上不存在。逻辑学家斯穆里安(Raymond Smullyan)在他几百篇不可思议的未发表论文中,复述了他在曼德尔(Oscar Mandel)在《齐波和巫师:中国儿童和哲学家的故事》(*Chi Po and the Sorcerer: A Chinese Tale for Children and Philosophers*)一书中看到的一个小故事。巫师普富正在教齐波绘画,"不对,不对!"普富说道,"你仅仅是画出了能被看到的东西。任何人都能做到这点!而绘画的真正奥秘是画出那些没被看到的东西。"齐波困惑地答道,"可是看不到的东西在哪里呢?"

这是从高处下来,并考虑一个更小更有秩序的宇宙的好地方,即现代宇宙学中谈及的宇宙。当代宇宙学始于爱因斯坦提出的封闭无界的宇宙模式。如果宇宙中存在足够多的质量,我们的三维空间会弯曲返回其本身,就像一个球面。(事实上,它会变成一个四维超球的三维超曲面。)如今我们知道,宇宙正在从一个原始火球向外膨胀,但似乎并没有足够多的质量使它是封闭的。稳恒态理论曾经引发了很多讨论,也激发了许多有价值的科学工作。然而,它现今似乎被排除在可行的理论外,这是由于如宇宙背景辐射(关于该辐射,唯一合理的解释便是它是由原始火球或由"大爆炸"所残留下来)等的发现。

一个悬而未决的重大问题便是:宇宙中是否有足够多的质量隐藏在某处(在黑洞里?),它们会终止宇宙的膨胀,并使其开始收缩。如果这样的事情注定发生,宇宙的收缩将会失控地变成坍缩,理论学家们认为没有办法阻止宇宙进入位于一个黑洞核心的奇点,在这个可怕的点上,物质被挤压得粉碎而不复存在,也没有已知物理定律可应用。宇宙会像寓言中的噗鸟一样消失吗?噗鸟绕着逐渐缩小的圆圈倒退着飞行,直到"噗的一声"消失在自己的肛门里。一切会穿过黑洞,出现在一个完全不同的时空里的白洞中?或者宇宙能成功避开奇点和产生另一个火球?如果再生是可能的,我们将有一个振荡宇宙模型:周期地爆炸、膨胀、收缩和再爆炸。

在许多一直致力于建立宇宙模型的物理学家中，普林斯顿大学的惠勒(John Archibald Wheeler)在"一切"的研究上比任何人走得更远。依据惠勒的广阔视野，我们的宇宙是无数个被认为镶嵌在一个所谓"超空间"的奇怪空间里的宇宙之一。

为了(模糊地)理解惠勒所谓的"超空间"，让我们先从一个简化了的宇宙开始分析。这个宇宙是由一个线段组成，线段被两个粒子占据：一个黑色和一个灰色(如图9.3)。这条线是一维的，但是两个粒子来回移动(两者可以互相穿越)形成了一个二维时空：一维时间和一维空间。

有许多方法来绘制这种两个粒子的生命轨迹。一种方法是用二维时空图中的波浪线来代表它们，在相对论里叫做"世界线"(如图9.3下)。在 k 时刻，黑色粒子在什么地方？首先在时间轴上找到 k，水平移动到黑色粒子的世界线处，然后向下移动读出空间轴上该粒子的位置。

想要看到这两条世界线是如何美妙地记录了我们处在婴儿期的宇宙，就在记录卡片上切出一条狭缝。这条狭缝和线段一样长，和粒子一样宽。将记录卡片放在二维图的底端，通过它你可以看到宇宙。向上慢慢移动卡片，透过狭缝，你就可以看到两个粒子的运动画面，它们在它们的空间的中心诞生，来回运动，直至扩张到了极限，然后再运动回中心位置，最后消失在黑洞里。

运动学中，在一个被称为"构形空间"的更高维空间里，当把一粒子系统的变化看作一个单点运动时，用曲线图来表示有时是有帮助的。让我们以这两个粒子为例，看看它们的变化。同样地，我们的构形空间也是一个二维的，但此时两个坐标都是三维的，横坐标分配给黑色粒子，纵坐标分配给灰色粒子(如图9.4所示)。两个粒子的位置可以用一个单点来表示，它叫做"构形点"。随着构形点的运动，其在两根坐标轴上的坐标值就跟随着变化，两根坐标轴分别定位

由两个粒子组成的一维宇宙

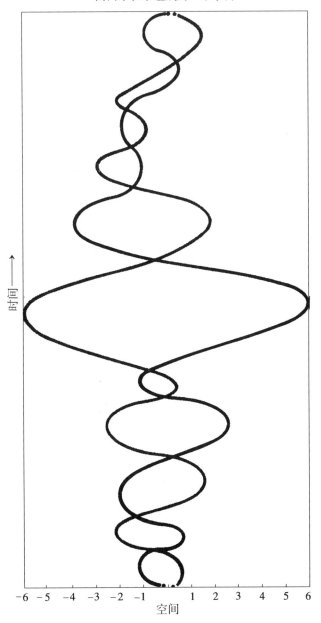

图9.3　由两个粒子组成的宇宙的时—空图,从出现到消失

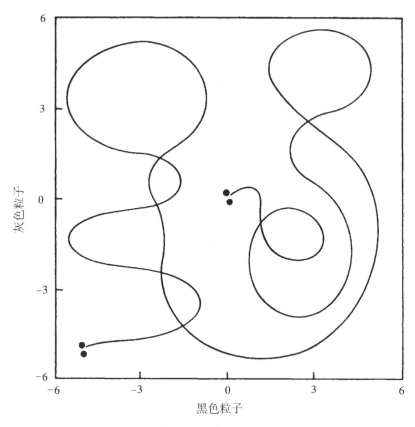

图9.4 一维宇宙里,两个粒子历史的"构形空间"图

两个粒子。运动点描绘的轨迹与粒子系统的变化模式完全一致。相反地,该系统的发展过程决定了唯一的一条轨迹。这不是一幅时空图,(时间是后来的一个附加参数。)这条线不能形成分支,因为它会将每个粒子分裂成两个。然而,它也可能与自身相交。如果一个系统是周期性的,这条线将是一条封闭的曲线,如果想把此图转变成时空图,我们可以,只要我们想要,增加一个时间坐标轴,并且允许这个点在三维空间里描绘曲线。

这个方法可以推广到任何维度空间里的N个粒子体系。假设在我们这个小小的线段宇宙里有100个粒子,每个粒子都有一个自由度,因此我们的构形

点必须在100个维度的空间里运动。如果我们的宇宙是一个由平面上N个粒子组成的体系,每个粒子有两个自由度,因此我们的构形空间必定是一个$2N$维度的"超空间"。在一个三维空间里,一个粒子有三个自由度,因此这个"构形空间"必定有$3N$维度。概括地说,"超空间"的维数与系统中的总自由度相等。如果给空间再增加一个时间坐标,那么这个空间就变成了时空图。

遗憾的是,在任何瞬间构形点的位置都无法使我们重建粒子体系的过去,也无法预测它的未来。吉布斯(Josiah Willard Gibbs)一直致力于分子热力学研究,他发现了一个略复杂的空间,在这个空间里,他可以绘制出曲线图来表示一个分子体系,因此记录是完全确定的。每个分子可以用6个坐标来表示:3个用来表示位置,另3个用来表示动量。在吉布斯的所谓$6N$维度的"相空间"里,一个单相点的运动将记录N个粒子的生命史。现在,无论如何,相点的位置提供了足够的信息重建整个分子体系的过去,并预测其未来(原则上)。同之前一样,轨迹也不能分支,而且此刻也不能与自身相交,相交可能意味着一种状态可由两种不同的状态达到,并可导致两种不同的状态,但是如果假设分子的位置和动量(包括矢量方向)完全确定了下一个状态,这两种可能性都可以被排除。该曲线可能仍然有环路,这表明该体系是周期性的。

我们的宇宙,正是因为其非欧几里得时空和量子不确定性,无法在像"相空间"这么简单的空间里用曲线图来表示。但是,惠勒却发现了在超空间实施的方法。如"构形空间"一样,"超空间"是无时间的,但是它有无限的维度。"超空间"里的一个单点有无限多组坐标,可以具体地说明非欧几里得三维空间的结构、空间体积、每个粒子的位置和在每一个点上的每个场的结构(包括空间自身的曲率)。当超级点运动时,其不断变化的坐标描述了我们的宇宙是如何变化的,并且还考虑了相对论中参考系观察者的作用,和量子力学的概率参数的作用。超级点的运动记录了我们宇宙的整个发展历程。

我们宇宙在超空间的舞台上表演这一幕的同时(不管这意味着什么!),无数个代表其他三维空间宇宙的超级点正经历着它们自己的周期。彼此靠近的超级点描述了极相似的宇宙,就像威尔斯(H. G. Wells)在他的科幻小说《像神一样的人》(*Men Like Gods*)里提出的平行世界。这些平行宇宙由于占据了超空间中的不同空间而彼此隔绝,都要通过奇点不断地闯入时空,在永恒的瞬间达到鼎盛,然后再通过奇点的消失而回到它们来源的那个纯粹的和无时间的"前几何"结构。

每当像这样的宇宙爆炸发生时,就会随机生成一种特定的组合(莱布尼茨称之为"可共存组合"),由逻辑上一致的粒子、常量和定律构成。由此产生的结构必须经非常细致的微调后才能存在生命。无论采取哪种微调方式,稍微改变"共存组合"精细结构的常数,想拥有我们现在这样的太阳是不可能的。我们为什么会存在这里?因为随机因素生成了一个让我们进化的宇宙结构。其他无数个宇宙,由于没有被如此细致地微调,存在后又消亡,没有任何人生存在那里,无法去观察它们。

这些"无意义"的宇宙,毫无意义,因为它们没有参与者—观察者,除了逻辑上可能存在的微弱意义,它们甚至不"存在"。伯克利主教(Bishop Berkeley)曾说,存在就是被感知,皮尔斯(Charles Sanders Peirce)坚持认为,存在只不过是一个程度的问题。从这两位哲学家那里获得提示后,惠勒认为,只有当一个宇宙发展了一种自我参照,并且宇宙和它的观察者之间能够互相强化的时候,才可以毫无疑问地认为它是存在的。用伯克利的话说,"无论是天堂的唱诗班还是人间的家具,如果不被了解和观察到,都将是不存在的"。

据我所知,惠勒并没有采用伯克利的最后一步:依上帝的感知进行物质实在的基础训练。事实上,即使没有人看一棵树,这棵树似乎也有很强的存在感,这是伯克利证明上帝存在的关键。想象一下,一个神试验了数十亿宇宙模型,

直到神发现了一个容许生命存在的宇宙,那么,难道那些被神所观察到的宇宙就不在"那里"了吗?那里不需要像我们这样脆弱的生物通过观察和参与来授予它们的存在。

惠勒似乎急于回避这种观点,他坚持认为,不管是否有外部观察者,量子力学需要宇宙中有参与者—观察者。他曾这样作过比喻,没有内部观察者的宇宙如同没有电的电机。宇宙只有确保其在未来发展过程的一小段时间内,在某个地方制造生命、意识和观察者,它才会"运行"起来。内部观察者和宇宙两者是互相依存的,即使观察者只是潜在意义上的存在。这种观点引发了非同寻常的问题,在生命的初始形式进化之前,宇宙到底是怎样存在的?从大爆炸那一刻起,它就充满活力地存在着吗?还是随着生命变得越来越复杂,它的存在也变得越来越强有力?距离银河系很远的星系,也许不存在参与者—观察者,那这样的星系是如何强有力地存在的呢?难道只有当被其他星系的生命观察到时,它才存在吗?或是因为宇宙内部如此地相互关联,其微小部分的观察就足以支持所有其他部分的存在呢?

在一篇著名的文章里,詹姆斯(William James)想象有一千颗豆子被扔到桌子上,豆子随机落下,但是,我们的眼睛描绘出混沌中的几何图形。詹姆斯写到,存在也许仅仅是我们的意识从随机可能性的无序之海中挑选出的秩序,这似乎与惠勒的观点很接近。现实并不是在那里的什么东西,而是我们意识发挥重要作用的一个过程,并不是因为世界是那个样子,我们才是那个样子,而恰恰相反,世界因为我们的存在而存在。

当相对论首次占上风的时候,许多带有宗教倾向的科学家和哲学家坚信这个新理论支撑了这一类观点。秦斯(James Jeans)说道:"自然现象是由我们和我们的经历所决定,而不是由我们之外且不受我们支配的机械宇宙所决定。"爱丁顿(Arthur Stanley Eddington)写道:"物理世界完全是抽象的,脱离了与我们意识的联系,它就不具备现实性。"今天的大多数物理学家否认相对论支持了这类理想主义观点,爱因斯坦本人极力反对这类观点。长度、时间和质量的测量依赖观察者的参照系,这一事实绝不会弱化独立于所有观察者之外的时空结构的现实存在性。

量子力学不会减弱现实的存在性。每当观察到一个结构独立存在时,量子定律便会应用于此,而量子定律的统计性质对此有什么影响呢?事实上,观察改变了一个粒子体系的状态函数,但并不意味着那里的"无"要被改变。爱因斯坦可能也曾这样想过,量子力学意味着将深奥的物理学简化为心理学,但是今天不会有太多的量子学专家赞同爱因斯坦的这个想法。

无论如何,一个外在的世界的信念,独立于人类的存在之外,但一定程度上可被人类了解,当然是最简单的观点,也是当下绝大多数科学家和哲学家们所持有的观点。正如我所建议的那样,否认这一常识性的态度,没有增加有神论或泛神论信仰者的任何价值。如果没有必要,为什么要采用古怪的术语呢?

但是,这里不是讨论这些古老问题的地方。还是让我们来看看这样一本奇怪的小书——《尤里卡:散文诗》(*Eureka: A Prose Poem*),它由爱伦·坡(Edgar Allan Poe)在其去世前所作。爱伦·坡相信这是他的杰作。"我所阐述的内容将(在适当的时候)彻底改变物理学和形而上学科学世界,"他在给一个朋友的信中这样写道,"虽然我很平静地说出这句话——但是我说了。"在给另一个朋友的信中,他写道:"现在与我辩论毫无意义,我注定是要死去的。我已经完成了《尤里卡》,我也没有生存下去的欲望了,我将不可能再有如此的成就。"[我从企鹅出版集团1976年出版,由比弗(Harold Beaver)编辑的《埃德加·爱伦·坡的科幻小说》(*The Science Fiction of Edgar Allan Poe*)一书中选取了一些精彩的注释。]

爱伦·坡希望他的出版商帕特南(George P. Putnam)能印刷50 000本。帕特南为爱伦·坡的"小册子"预付了14美元,最后只印刷了500本。评论也大多是令人不快的。直到今天,这本小书似乎只有在法国受到了青睐,因为那里有波德莱尔(Baudelaire)翻译的版本。现在突然间,鉴于目前宇宙学的猜测,爱伦·坡的散文诗可以被看作是包含了一种广阔的视野,这种视野从本质上说就是有神论者所持有的惠勒宇宙学观点。正如比弗所指出,爱伦·坡"梦幻之国"中的"我"已经变成了宇宙本身:

在一条阴暗幽寂的路旁,

只有邪恶天使出没于此,

那里有位幽灵名为黑夜,

在黑色王位上肆意横行,

我刚刚才抵达这片国土,

来自于混沌世界的尽头——

那里荒芜萧瑟宏伟壮观,

超越了空间——逾越了时间。

当上帝从无中创造出了"原始粒子"时,宇宙就出现了,爱伦·坡说道。物质从其中向四面八方呈球形地"扩散"——以巨大但数量有限、无法想象但并非极小的原子的形式。宇宙膨胀时,引力逐渐占据上风,物质凝聚形成恒星和行星,最后,引力终止了宇宙膨胀,宇宙开始收缩,直到再次返回到"虚无"。这个"由球体组成的最后的世界也将瞬间消失"(爱伦·坡该为今天的黑洞多么地欢欣雀跃!),我们宇宙的上帝又将继续成为"一切中的一切"。

依据爱伦·坡的观点,每一个宇宙都在被它的神灵观察着,以你的双眼正在观察我们所创造的一维空间里两个粒子跳动的方式。但是,还有其他神灵观察着其他的宇宙。这些宇宙彼此之间是"无法形容的遥远",它们之间的交流是不可能的。爱伦·坡提到,"每一个宇宙都拥有一系列崭新的、几乎完全不同的条件"。在引出神灵说的同时,爱伦·坡暗示这些条件并不是随机选择的。我们宇宙中的精细结构常数之所以是那个样子,是因为我们的神灵有意为之。在爱伦·坡的超空间里,无穷多宇宙从出现到消亡的周期循环是一个"永远、永远、永远持续的过程"。一个新宇宙膨胀后出现,然后随着神圣的心的每一次悸动消退成虚无。

爱伦·坡的"神圣的心"一词是指我们宇宙的上帝,还是从"超超空间"里某个居住处注视着所有低级别神灵的高级神灵?印度神话的出现是在创造之神"梵天"之后,高深莫测的"梵天"如此超越,以至关于他我们只能说"*Neti neti*(不,不是)"。"梵天"正在被"超超超之眼"观察着吗?我们能否用"终极的眼睛"为超空间设想一种最终的秩序?或者他是否会被最大阿尔夫概念的标准集合理论中的自相矛盾所排除?

这就是《梨俱吠陀》①中赞美诗最后一节中提及的问题。其中的"他"就是指万神之上的非人格的"唯一":

世间造化,何因而有?

①《梨俱吠陀》,全名《梨俱吠陀本集》,是《吠陀》中最重要的一部作品,是印度最古老的一部诗歌集。它的内容包括神话传说、对自然现象和社会现象的描绘与解释,以及与祭祀有关的内容,是印度现存最重要、最古老的诗集,也最有文学价值。——译者注

是彼所作,抑非彼作?

住最高天,洞察是事,

惟彼知之,或不知之。

在这里我们似乎将要触碰,——或者我们仍远远地无法触碰——"一切"的边缘。让我们用路易斯(C. S. Lewis)(引自他的《词汇研究》(*Studies in Words*)第二章)的话作最后的总结,"'一切'是一个没有什么太多东西可说的话题。"

第1章 多联六边形与多联等腰直角三角形

应许多读者的要求,图A1显示22种五联六边形。正如在本章补遗中所提到,我尚不确定大于12阶的不同的多联六边形的个数(不包括轴对称变换,但是包括带有洞的骨牌),在寻找一个计数公式方面亦无进展。

克拉克(Andrew Clarke)研究了多联空竹骨牌的拼接,从1到4阶的所有形状都可以铺满平面。克拉克发现除了4块五联空竹骨牌以及19块六联空竹骨牌,其他所有的都可以铺满平面。他还研究出了一种由半立方体拼接的立方图形组成的三维类似物。半立方体,将单元立方体沿对角线切开得到,被拼在一起使得至少一个半立方体的一条边与另一个半立方体的一条边重叠,所以有部分的表面相接触。三个半立方体按照此方式,以所有可能的方法连接,产生了12个立方图形可以多联立方体骨牌的方式用来拼成多重立体图形。

第2章 完满数、亲和数、交际数

是否存在"奇完满数"的猜测,仍是数论界最著名的未解难题之一。这个问题可能是不可判定的,那样的话它真的就不存在了。为什么呢?因为如果它是错的就应该有一个反例(即一个奇完满数),那样就使得这个猜测是可判定的。

已经有大量的文献论述了奇完满数如果存在的话应该有的性质。1991年,

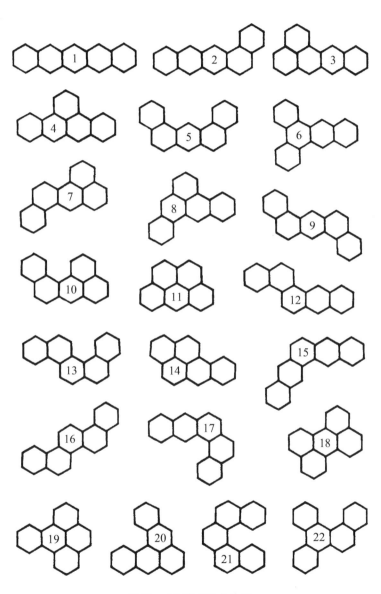

图A1　22种五联六边形

151

下限就达到了 10^{300}，现在这个数字可能更大了。欧几里得曾经指出，奇完满数的形式肯定为 $k(p^{m+1})$，其中 p 为奇素数，k 是一个完全平方数。但是，不是所有满足这个表达式的数字都是完满数，例如 243 不是完满数。1980 年，有证据表明一个奇完满数至少必须有 8 个不同的因数。

一个奇完满数可能是一个平方数吗？根据前文所述，即一个完满数的所有因数之和为 $2n$，一个偶数，可以很容易证明这个答案是否定的。如果一个数是奇数，那么它所有的因数都是奇数。如果一个整数是平方数，它就有奇数个因数：这个数的平方根加上两两成对的因数，一个因数小于平方根，一个因数大于平方根。因此，一个奇完满数是平方数就应该有奇数个奇因数，但奇数个奇数之和不可能为偶数。

自从 1977 年本书第一版问世以来，计算机搜索又发现了 8 个梅森素数，这就使图 2.2 中的完满数增加到了 39 个，表 A 中列出了所有新发现的完满数。

关于完满数有一个奇妙的、鲜为人知的性质：每个完满数（假设没有奇完满数）可以被表示为 $6x+28y$ 的形式，x 和 y 为非负整数。注意系数是前两个完满数。例如，496（第三个完满数）等于 $(6×50)+(28×7)$。这个简单证明可以参见朱迪切（Reinaldo Giudice）在《数学家杂志》（1976 年 11 月，257 页）上的文章《完满数之和》其中问题 954 的解。

表 A　1977 年以来发现的完满数，括号内数字是梅森素数

25	$2^{21700}(2^{21701}-1)$	32	$2^{756838}(2^{756839}-1)$
26	$2^{23208}(2^{23209}-1)$	33	$2^{859432}(2^{859433}-1)$
27	$2^{44496}(2^{44497}-1)$	34	$2^{1257786}(2^{1257787}-1)$
28	$2^{86242}(2^{86243}-1)$	35	$2^{1398268}(2^{1398269}-1)$
29	$2^{110502}(2^{110503}-1)$	36	$2^{2976220}(2^{2976221}-1)$
30	$2^{132048}(2^{132049}-1)$	37	$2^{3021376}(2^{3021377}-1)$
31	$2^{216090}(2^{216091}-1)$	38	$2^{6972592}(2^{6972593}-1)$
		39	$2^{13466916}(2^{13466917}-1)$

在过去的十年里,由于数论学家不懈努力,找到了关于亲和数对的更多的新公式,在亲和数对发现里发生了一次真正的大爆发。在美国北达科他州东南部城市法戈,一位该领域最活跃的研究者李(Elvin Lee),他告诉我说,最重要的成就是1972年德国数学家博尔霍(Walter Borho),根据塔比特(Thabit ibn Kurrah)的公式,在他的论文中提出的一个定理。李是第一位解释如何用博尔霍定理获得无限多的新公式的。到1989年,已经有超过55 000对亲和数被发现。特里尔(Herman J. J. te Riele)发现了最大的亲和数,一个282位数。李告诉我说,在德国,一对更大的,每个数都超过600位的亲和数对已经被发现,但我对它的详情一无所知。在一次彻底搜索小于10 000 000 000的亲和数时,特里尔找到了1427对亲和数。

许多猜测都已经被证明正确或不正确。其中最有趣的一个,是波默朗斯(Carl Pomerance)证明的所有亲和数的倒数和是收敛数列。长期以来对于每个奇亲和数是3的倍数的猜测被击落了,同样还有我之前的第二个猜测,即每个偶亲和数对之和都等于0或7(模9)也被证明是错的。1984年,特里尔发现了两个反例,其中最小的一对是967 947 856和1 031 796 176,它们的和等于3(模9)。

1988年,两位数学家报道了每对奇亲和数是3的倍数的虚假性。作者给出了15个反例,其中最小的一个是a(140 453)(85 857 199)和a(56 099)(214 955 207),其中$a=5^4 \times 7^3 \times 11^3 \times 13^2 \times 17^2 \times 19 \times 61^2 \times 97^3 \times 307$。也可能还有更小的反例存在,但对于是否有奇亲和数对中只有一个数能被3整除还不得而知。

关于亲和数的两个重要问题还没有答案。一个为是否存在亲和数群,另一个为亲和数对集是有限的还是无限的?

我们不能把梅森素数和费马素数相混淆。费马素数的表达式为2^n+1,目前这样的素数只有5个($n=2^0, 2^1, 2^2, 2^3, 2^4$)。至于它的数量是有限还是无限的,目前还不得而知。费马证明,如果这样一个数字是素数,那n就是2的幂。他推测,

当n是2的一个幂时,这个表达式的数总是一个素数。但当n=32时,他的推测就失败了。1988年,未验证的最小数字为$2^{2^{20}}+1$,这个数后来被发现是合数。备注:1999年,迈耶(Mayer),帕帕多普洛斯(Papadoupoulos)和克兰德尔(Crandell)证明F_{24},$2^{2^{24}}+1$是合数。

第3章 多联骨牌及修正

1987年,伊利诺伊州内玻维尔市,美国电话电报公司贝尔实验室软件工程师达尔克(Karl Dahlke),解决了本章中所提到的未解决的修正问题,包括图3.8上,下所示的六联骨牌及七联骨牌。达尔克是个盲人,但他的个人电脑配有声音合成器,可以将电脑输出的信号转化成声音。

最初,达尔克想要证明两种修正都是不可能的。但是未能证明,他开始用计算机系统地寻找可能用其复制品组成最小矩形的每块骨牌。彼得森(Ivars Peterson)在《科学新闻》(Science News,第132卷,1987年11月14日,第132页)中报道了达尔克的成功发现。

格罗姆研究了这两个问题。他发现每块骨牌都可以组成一个半无限带(仅在一个方向上无限延伸),他还发现了每块骨牌都可以拼成一个带有一个单元孔洞的矩形。他在接受《科学新闻》采访时说,当他得知达尔克的答案时,他觉得很惊奇。"有很多聪明的人们致力于该问题,这是一个卓越的成就。"

实际上,七联骨牌的第一个修正应该归功于新西兰奥克兰市的谢雷尔(Karl Scherel),他在《消遣数学》杂志(1981/82年第14卷,第一期,第64页)中提出了该问题。谢雷尔发现了一个修正,给出了矩形的尺寸为26×42,比达尔克的21×26大,因为没有读者解决此问题,所以谢雷尔的答案被推迟发表,请参见《消遣数学》1989年第21卷第3期。

达尔克向《组合论期刊》(Journal of Combinatoria Theory,1989年5月)提供

了两篇短论文,文章的标题为《Y型六联骨牌有92阶》(A系列,第125—126页),声称由六联骨牌拼成的最小矩形为23×24,它包含有92块六联骨牌,是任意六联骨牌最小拼图中数量最多的。另一篇文章的标题为《76块七联骨牌》(A系列,第127—128页),指出19×28的矩形是七联骨牌所拼成的最小解,它包含有76块复制品,比之前达尔克找到的解少两个,发表在《科学新闻》上,图A2显示的是两种最小解。

格罗姆在《组合论期刊》(1989年5月,A系列,第117—124页)发表的一篇论文《组成长方形的多联骨牌》中,报道了一些研究结果,关于我称之为一个多联骨牌的复制阶(RO),图A2是可以组成矩形的复制骨牌的最少个数。当且仅当其本身可以组成一个矩形,该多联骨牌的复制阶为1。(对于不能组成矩形的多联骨牌来说,RO是不确定的。)格罗姆描述了多联骨牌具有复制阶为2与复制阶为4的条件,并且表明复制阶为2的多联骨牌有无穷多个,所有复制阶为4的倍数的多联骨牌也有无穷多个。

图A2为达尔克对于两个较难修正问题的解。上图是1987年得出的用92块六联骨牌复制品拼成的23×24矩形,下图是1988年得出的76块七联骨牌复制品拼成的19×28矩形。

格罗姆列出了许多未解决的问题。例如,复制阶为10和18的单个例子。有复制阶为一切偶数的多联骨牌吗?主要的未解决问题是,除了复制阶为1,是否存在复制阶为奇数的多联骨牌?格罗姆写道,较小的复制阶,例如3和5看起来尤其不可能,但是他找不出不可能有较大的奇复制阶的原因。

博诺(Edward de Bono)发明了一个简单但却高雅的小游戏,两个人在4×4的棋盘上用两个L型四联骨牌与两个单联骨牌玩,并且为其申请了专利,你会在其平装本《五日思维课程》(*The Five-Day Course in Thinking*)中找到规则的解释。他还每月在英国月刊杂志《游戏与拼图》(*Games and Puzzles*,1974年11

图A2

月,第4—6页,还可参见1975年2月刊关于智力游戏的来信)上撰写关于游戏的文章。普里查德(David Pritchard)在其《头脑游戏》(*Brain Games*,企鹅出版社,1982年)中介绍了所谓的L型游戏,并且伯利坎普(Elwyn Berlekamp),康韦以及盖伊(Richard Guy)在《制胜之道》(*Winning Ways*)第1卷中做了分析(学术

出版社,1982年)。

在《娱乐数学杂志》(1979—80年,第12卷,第1期,第2—8页)谢勒(Karl Scherer)的《L型游戏是平局》(*L-Play is a Draw*)一文中,可以找到证明,如果双方都理性地玩,游戏是平局。美国佐治亚州亚特兰大市JABO公司将L型游戏推到市场,在英国是由伦敦的贾斯特游戏公司推到市场。

第5章　龙形曲线和其他问题

自从我介绍了龙形曲线以来,由芒德布罗(Benoit Mandelbrot)创造的术语"分形"已经成为标准,当然龙形曲线就是一种分形。关于分形的书籍包括芒德布罗的经典著作《自然界中的分形几何学》(*Fractal Geometry of Nature*,弗里曼出版社,1982)出现得如此之快,以致我在此无能力一一列举。对龙形曲线的迷人三维推广,请见由弗郎斯(Michel Merldes France)和夏里特(J. O. Shallit)撰写的《线材弯曲》(*Wire Bending*),刊登在《组合论期刊》,A系列,50卷,1989年1月,第1—23页。

问题5答案中引用的《科学美国人》专栏关于格雷码的问题,是转载我的《打结甜面包圈和其他数学游戏》(*Knotted Doughnuts and Other Mathematical Entertainments*,弗里曼出版社,1986)。

第6章　彩色三角形和立方体

1974年,东京特派记者告诉我,内山教授(我不知道他的名字)研究过234页顶部的丢番图方程。据报导,内山教授的报告超过$m=24$,最多有两个解。他推测实际上没有解。

现在可找到芝加哥大学出版社出版的平装本。在1978年9月的专栏中,我回到30个立方体问题,收在我的《分形音乐,超级卡及更多》(*Fractal Music,*

Hypercards, and More)中,在书中我给出康韦发现的一些优雅的新成果。

第7章 树

获得生物化学博士学位的阿西莫夫(Isaac Asimov)写信告诉我,图7.1中所描绘的树如何巧妙地计算碳氢化合物同分异构体。(同分异构体是具有相同原子数的元素组成的化合物,但原子的连接方式不同。)开放式碳链,是没有一点可以连接到超过四个其他点的树。唯一的两点树对应乙烷,唯一的三点树对应丙烷。两个四点树给出丁烷和它的异构体异丁烷。三个五点树提供三个同分异构体:戊烷、异戊烷和新戊烷。六个六点树中的前五个对应正己烷、2-甲基戊烷、3-甲基戊烷、2,3-二甲基丁烷和2,2-二甲基丁烷。因为第六棵树有一个点连接到其他五个点,该树相当于无碳氢化合物。

烃类分子可连接形成多个环,使"物质进一步复杂化",正如阿西莫夫提出的,"于是娱乐了消遣数学家们"。阿西莫夫想知道,图论是否能让化学家确定一个具有40个碳原子和82个氢原子组成的分子有62 491 178 805 831个同分异构体。

第8章 骰 子

关于骰子一些更令人吃惊的怪事,请参见我的《车轮,生活和其他数学娱乐》(*Wheels, Life, and Other Mathematical Diversions*)第5章中关于非可递的骰子,以及《从彭罗斯镶嵌到活板门密码》第19章中关于西歇尔曼骰子的讨论。

第9章 一 切

从这一章可以非常清楚地了解到,从以下的意义上讲,我是一个不加掩饰的柏拉图主义者。我相信,物理世界和纯数学的抽象世界都有一个不依赖于人

类存在的存在。除了少数被人类是衡量一切的标准观点所蛊惑的思想家们外，所有对我关于这非常普通的观点的论据感兴趣的读者，可以参考我的《哲学代笔人眼中的十万个为什么》(*The Whys of a Philosophical Scrivener*)的第一章《秩序和惊喜》(*Order and Surprise*)的第一部分第五章和第二部分第三十四章，还有1989年4月《美国物理期刊》(*American Journal of Physics*)第203页上的"嘉宾点评"。

Mathematical Magic Show

By

Martin Gardner

Copyright ⓒ 1965, 1967, 1968, 1976, 1977 and 1990 by Martin Gardner

Simplified Chinese edition copyright ⓒ 2016 by

Shanghai Scientific & Technological Education Publishing House

This edition arranged with Mathematical Association of America

Through Big Apple Agency, Inc., Labuan, Malaysia.

ALL RIGHTS RESERVED

上海科技教育出版社业经Big Apple Agency 协助

取得本书中文简体字版版权

责任编辑　李　凌

装帧设计　李梦雪　杨　静

·加德纳趣味数学经典汇编·
交际数、龙形曲线及棋盘上的马

[美]马丁·加德纳　著

黄峻峰　译

上海科技教育出版社有限公司出版发行

（上海市柳州路218号　邮政编码200235）

www.sste.com　www.ewen.co

各地新华书店经销　常熟文化印刷有限公司印刷

ISBN 978-7-5428-6505-2/O·1030

图字09-2013-852号

开本720×1000　1/16　印张11

2017年1月第1版　2019年7月第3次印刷

定价：28.00元